JN165384

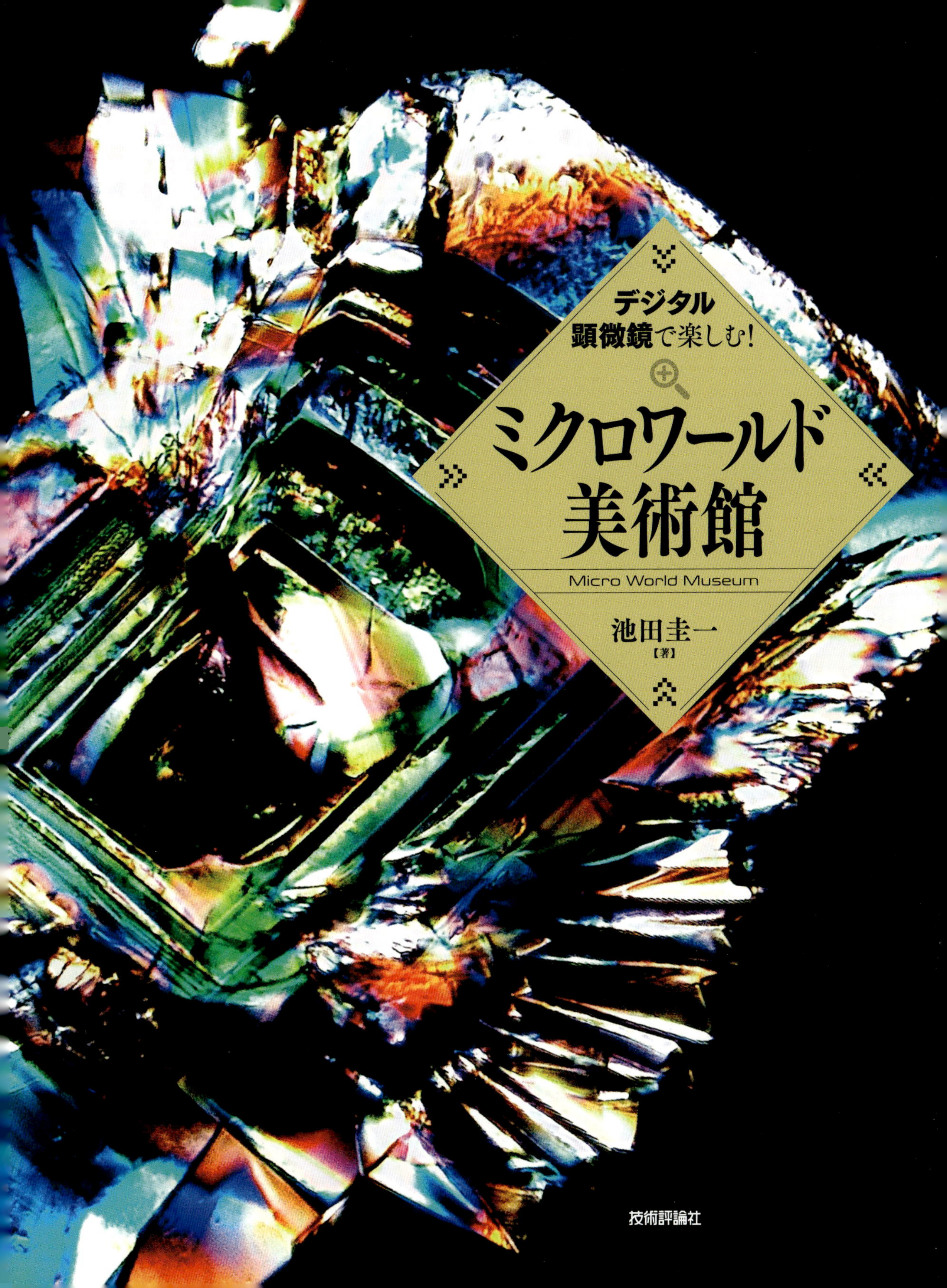
デジタル
顕微鏡で楽しむ!
ミクロワールド
美術館
Micro World Museum
池田圭一
【著】
技術評論社

目次

PART 3 小さくなって植物を見る
「奇妙な世界」

PART 4 おそろしいけど惹かれる
「迫力の世界」

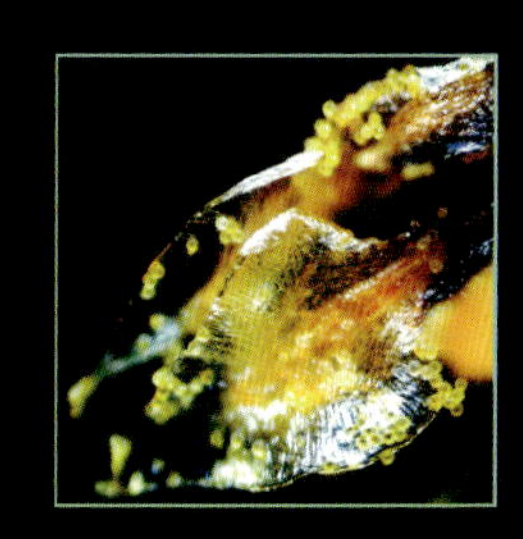

はじめに　自分で調べられるよろこび

“顕微鏡”というとむずかしく感じませんか？　小学校理科ではほとんど扱われず、中学校理科においても生徒たちが実際に顕微鏡に触れる機会は減りました。ところが、テレビやネットでは、最先端の電子顕微鏡が捉えた驚異的な写真がたびたび話題に上がります。ミクロの世界を見たい、知りたい！　という気持ちは誰もが持っているのです。

専門家が時間をかけて撮った顕微鏡写真は、確かに美しく目を見張るもので、私たちに驚きを与えてくれます。しかしそれは、遠くの景勝地の観光写真を見るようなもので、私たち自身が体験したものではありません。見たい！　知りたい！　と思ったとき、その気持ちの高まりを満たしてくれるものでは無かったのです。

そんな欲求不満を解消してくれるのが、『デジタル顕微鏡』です。

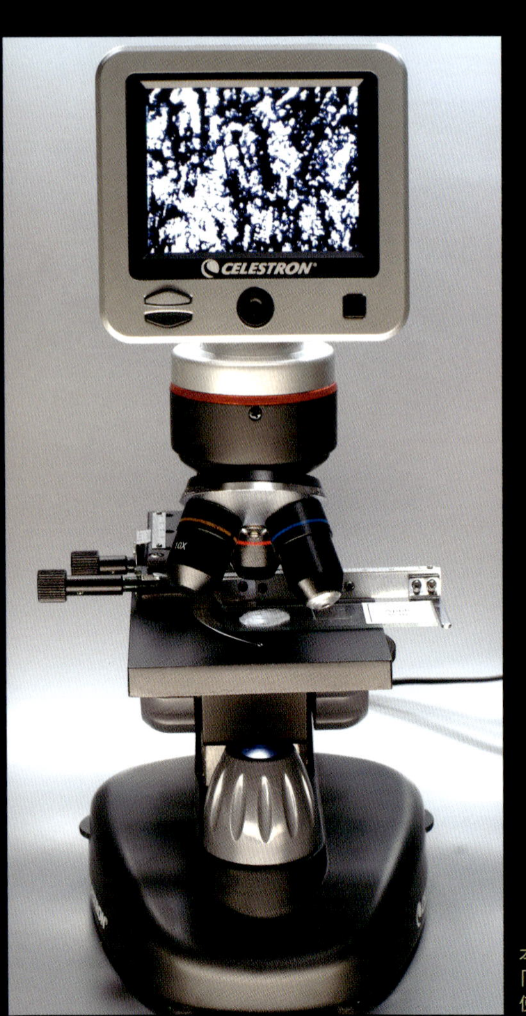

現在、科学の世界で活躍する科学者や研究者の多くは、『理科や科学に興味を持ったのは子どもの頃に触れた一台の顕微鏡だった』と言っています。なぜなら『顕微鏡』は、子どもたちがその手で自由に扱え、不思議に感じた世界を自らの意思で探求できる道具だから！　興味への自立心を育てる優れたアイテムなのです。もちろん大人も！

私たちは自然と科学の中に生きています。人工物にあふれた都市で暮らしていても、道端の隙間から多様な植物が芽を吹き、街路樹の落ち葉一枚にも生命の複雑な生態系が存在します。いつもは見逃してしまいますが、小さな自然がいたる所にあふれているのです。

それは屋内でも同じ、調味料の結晶や硬貨の微細加工など、普段は気に留めない身近なところに科学の楽しさが隠れています。顕微鏡という新たな視点を手に入れ、自然と科学の楽しさを見つけ出すのも立派な「探検」なのです。

机の上のデジタル顕微鏡は、ミクロワールドへの旅立ちのトビラです。そこに広がるのは未知の異世界！　日常のちょっとした空き時間に、あなたの冒険心と探究心を満たすため、出掛けましょう。

（池田圭一）

本書に掲載した顕微鏡写真のほとんどは、3万円内で購入できる「米セレストロン社製 LCDデジタル顕微鏡 II（CE44341）」を使って撮影したものです。

デジタル顕微鏡ってどんなもの？

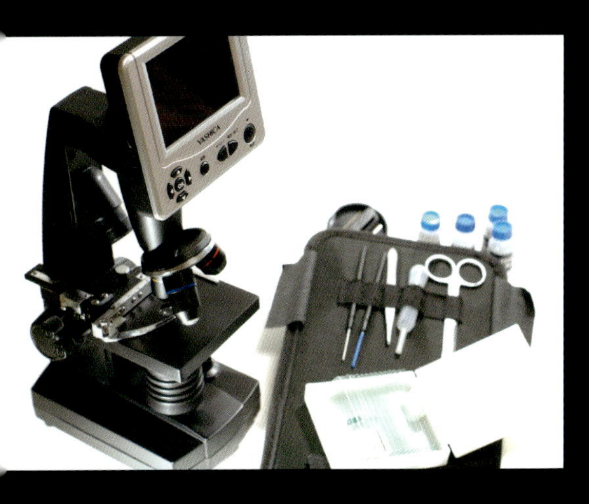

　小さなものを拡大して見せるのが顕微鏡。最初に作られたのは1590年で、その後、さまざまな種類が開発されました。本書で紹介するのは10年ほど前から作られるようになった「デジタル顕微鏡」です。

　簡単に言ってしまえば、小中学校にあるような「顕微鏡」と「デジタルカメラ」を合体させたものです。"デジタル"と付くことから電子顕微鏡をイメージするかも知れませんが、デジタル顕微鏡は光学レンズを使って光（可視光）の拡大像を得るものです。小中学校で使う学習用の顕微鏡と同じで、難しくありません。

デジタル顕微鏡の一般的な外観

　デジタル顕微鏡の多くは、一般的に「生物顕微鏡」と呼ばれるスタイルをしています。顕微鏡部分が小さいものを拡大し、デジタルカメラを通した映像が液晶モニターに表示されます。接眼レンズを覗き込む必要がないことから……、次のようなメリットがあります。

デジタル顕微鏡のメリット

- 接眼レンズの抜き差しが不要で、鏡筒にゴミやホコリが入りません。
  ※デメリット：交換できないので接眼レンズの倍率が変えられません。
- かがみ込む姿勢にならないので、長時間の観察も楽ちん。
- 光源光を直接目に入れないので、目を傷める心配がありません。
- 多人数で同時に観察できます。（テレビなどへの映像出力も可能です）
- 見えているそのままを撮影し、記録として写真に残せます。
- デジタル画像なので簡単に拡大でき、ビデオ動画も撮れます。

米セレストロン社製 LCDデジタル顕微鏡（CE44345）。上部がデジタルカメラ、下部が顕微鏡というわかりやすい姿をしています。

デジタル顕微鏡のしくみ

デジタル顕微鏡は、学校などであつかう普通の顕微鏡（生物顕微鏡）とどこが違うのでしょうか？両者の違いを見比べてみましょう。

デジタルカメラ部

操作パネル
カメラの設定を変えたりシャッターを切ったりします。

顕微鏡部

デジタル顕微鏡

液晶モニター
拡大像を表示します（10倍の接眼レンズを内蔵）。

プリズムボックス
プリズムで光路を曲げ、接眼レンズを覗き込みやすい角度にします。

接眼レンズ
交換できます、良く使われるのが10倍。

対物レンズ
容易に倍率が変えられるようターレット式になっています。

ステージ
ステージを上下させてピントを合わせます。

照明装置（透過照明）
専用の電球（白色LED電球）照明を持っています

ピント調整つまみ
回すことでステージを上下させます。

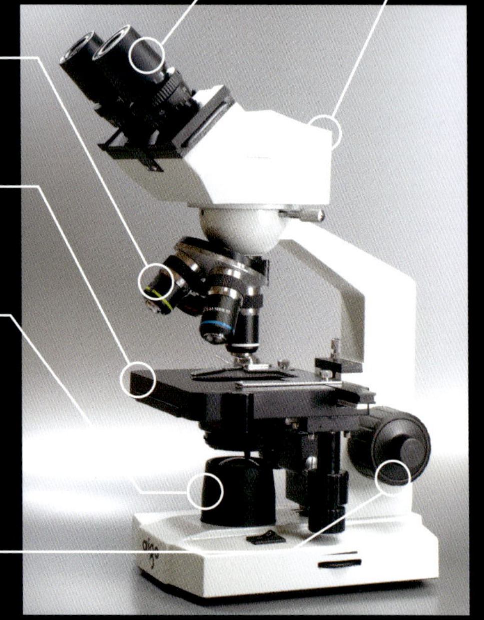

デジタル顕微鏡
一般的なデジタル顕微鏡の側面。標準的なスタイルだからこそ、使い易いものとなっています。

生物顕微鏡（双眼タイプ）
生物系の研究室などでも使われる入門～中クラスの機種（眼視向けの製品ですが、実はカメラ内蔵のデジタル顕微鏡です）。

対物レンズ

4倍、10倍、40倍の対物レンズが回転する台（ターレット）に装着されているので、ターレットを回すことで倍率を変更できます。

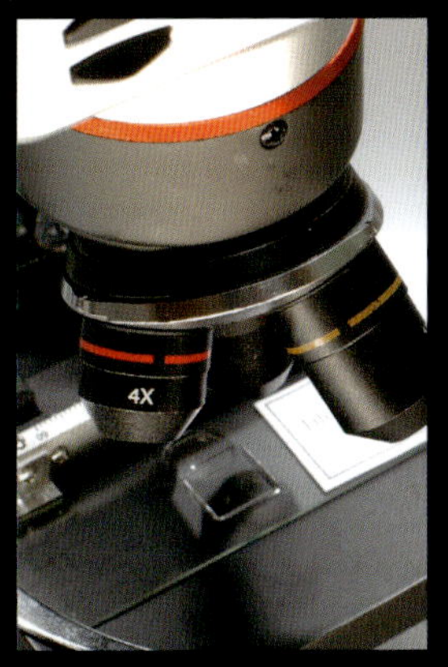

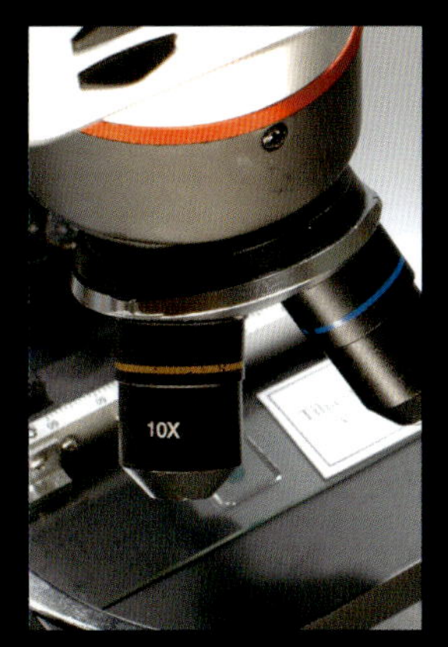

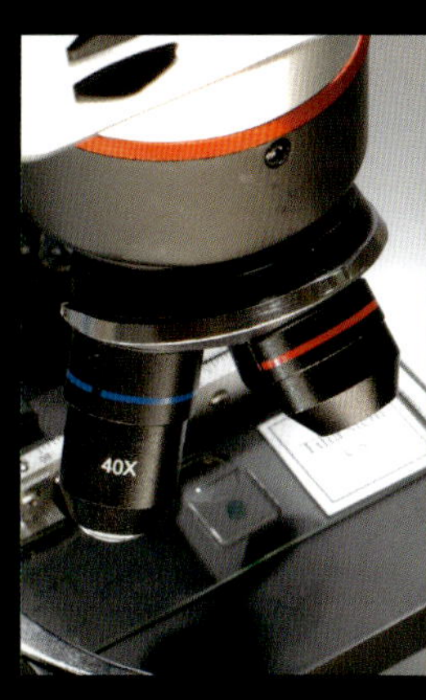

ステージ

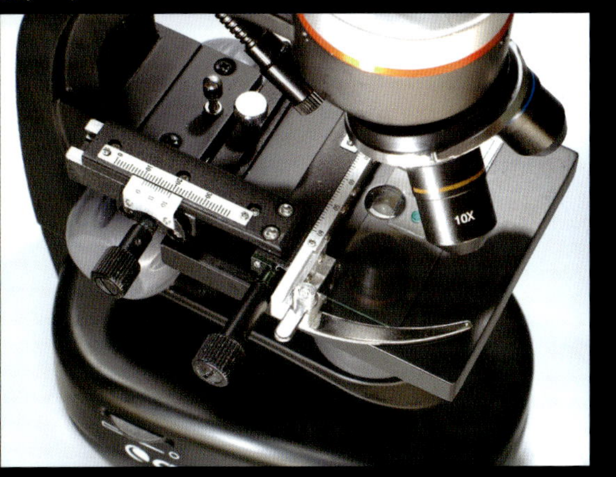

スライドグラスをレバー状の金具で挟んで固定し、前後・左右に動かすためのつまみがあります（メカニカルステージ）。

顕微鏡の拡大倍率

顕微鏡の倍率は、［対物レンズの倍率］×［接眼レンズの倍率］で表せます。デジタル顕微鏡の場合、接眼レンズは10倍のものが内蔵されているので、以下のようになります。

例：
対物レンズ 4倍 ×（接眼レンズ10倍）＝ 40倍
対物レンズ10倍 ×（接眼レンズ10倍）＝ 100倍
対物レンズ40倍 ×（接眼レンズ10倍）＝ 400倍

電源

付属のACアダプタをつなぎますが、乾電池（単三乾電池×4本）でも動かせるので、屋外に持ち出すこともできます。

その他

収納ケース（キャリアケース）や観察キットが付属するものもあります。

デジタル顕微鏡の選び方

光学レンズ製品は日本企業が得意とする分野でした。その証拠に、現在世界的に知られているカメラ（レンズ）メーカーは、多くが日本の光学機器メーカーですし、それらメーカーでは、今も顕微鏡や双眼鏡などを開発・製造・販売しています。

しかし、一流メーカーゆえでしょう。国内の大手光学メーカーは、専門性の高い高性能で高額な顕微鏡の開発にシフトし、入門者向け製品は減りました。また国内の理科教育も、実験や実習を軽視しての知識詰め込み型になり、その結果、誰もが扱える顕微鏡の市場が縮小し、作られなくなってしまったのです。

顕微鏡とデジタルカメラを融合させた『デジタル顕微鏡』が、海外で生まれたのは、なんとも皮肉なことです。しかし、そのおかげ？で、“使いやすさを第一に考えた”合理的な製品が登場したのです。

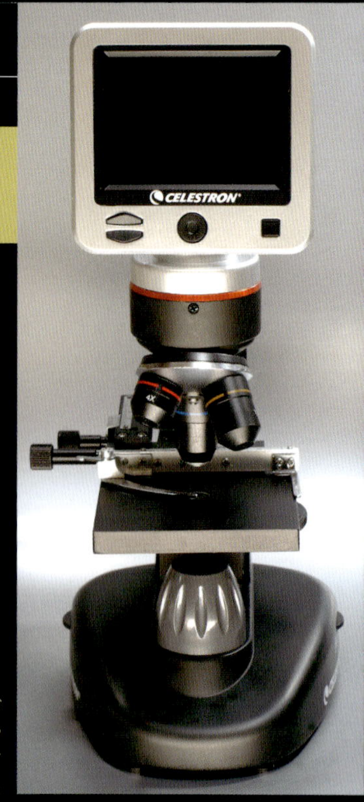

本書オススメのセレストロン「LCDデジタル顕微鏡Ⅱ（CE44341）」。使いやすさと価格のバランスが取れた一台です（実勢価格3万円前後、2017年末現在）。

注目ポイント メカニカルステージの装備

本書で主に使った顕微鏡の場合、液晶モニターに写し出される範囲は、40倍観察時に縦1.0mm・横1.3mmです。液晶モニター画面の大きさは、縦50mm、横66mmなので、縦方向の実際の倍率は50倍[1mm→50mm]！　スライドグラスを1mm動かしただけで、対象が視野から外れてしまうのです。指の動きを、ギアの働きで縮小して伝える微動装置「メカニカルステージ」がなければ、見たいところを視野の中心に持ってくるのに大変苦労するでしょう。100倍以上の倍率では不可能とも言えます。

断言しましょう！　この数年で、いろいろなデジタル顕微鏡が出てきましたが、メカニカルステージの無い製品を選んではいけません。

LCDデジタル顕微鏡Ⅱ（CE44341）のメカニカルステージ。右のつまみ1回転分で、横方向に約4mm、縦方向に約8mmだけステージが水平移動します。

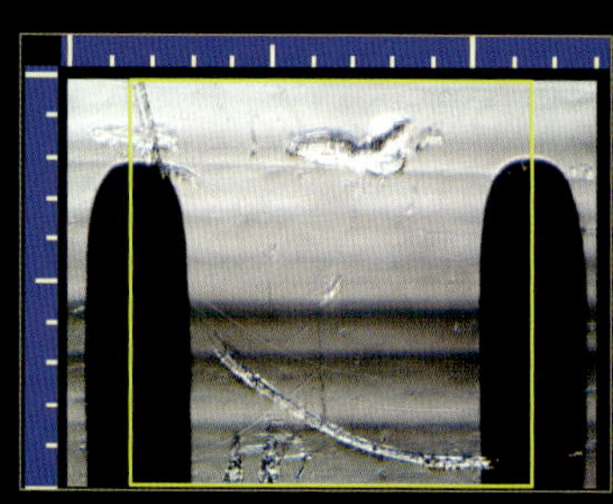

40倍で定規の目盛を撮ってみました（上・左の目盛り線を後に追加）。モニター画面に表示される（撮影できる）範囲は、横約1.3mm、縦約1.0mmです。

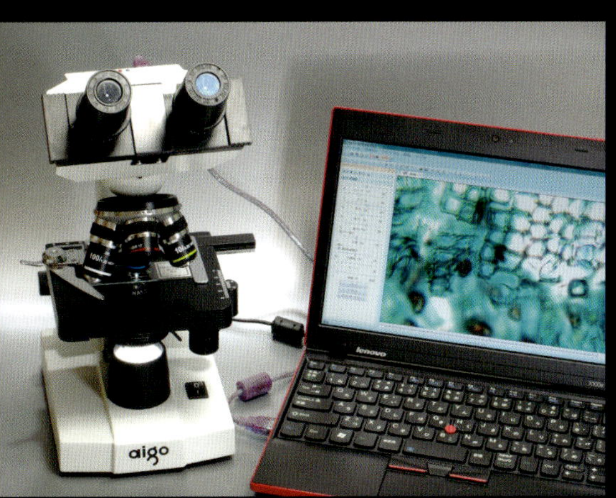

130万画素カメラを内蔵し、パソコン画面の上で拡大像を確認・記録できるようにした中国aigo社のEV5680B。1000倍まで使える高性能機でしたが、2011年に約6万円で短期間販売され、市場から消えてしまいました。

200万画素カメラ内蔵のセレストロン・LCDデジタル顕微鏡Pro(CE44345)。ピントの微動装置があり、画面は操作パネルを兼ねていました（タッチパネル式）。2013年の製品で現在は売られていません(当時の価格は5万～7万円)。

注目ポイント 低価格、入門者向けキット

手に入れやすい価格であることは、何よりも大切なことです。しかし夏休み前などにスーパーなどで売られる数千円のオモチャ品質の顕微鏡では、失望しか得られません。また、拡大倍率の高さを訴えかける顕微鏡も失格です。光学倍率は20～400倍が使えれば十分！ それでいて、2～5万円の製品がオススメです。収納ケースやサンプルなどがセットになっているものが使いやすくてよいでしょう。

デジタル顕微鏡史の代表的な一台

2012年、ヤシカブランドから発売された中国製の「DMS500」(約2万5000円)。従来よりカメラ機能を向上させた（200万画素→500万画素）モデルです。観察キットが付属していました。

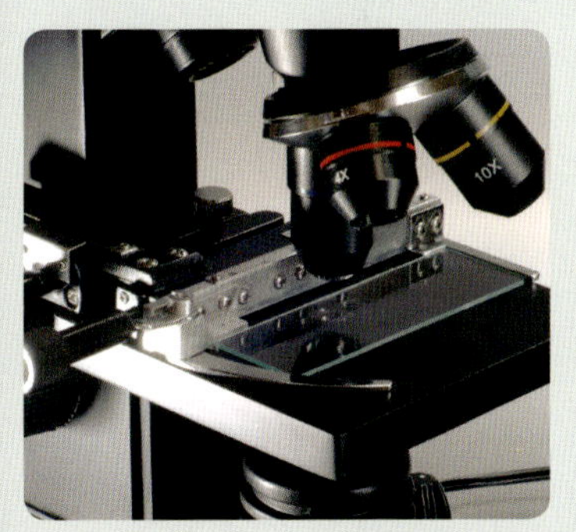

倍率は40倍／100倍／400倍。この価格帯で最重要視したい「メカニカルステージ」を装備していたのは、使い勝手を考えてのことでしょう！

ピンセットやハサミ、柄付き針、プレパラート作成キット、樹脂製スライド、サンプル標本、小容器、プランクトン飼育セットなど、親切装備が付属していました。

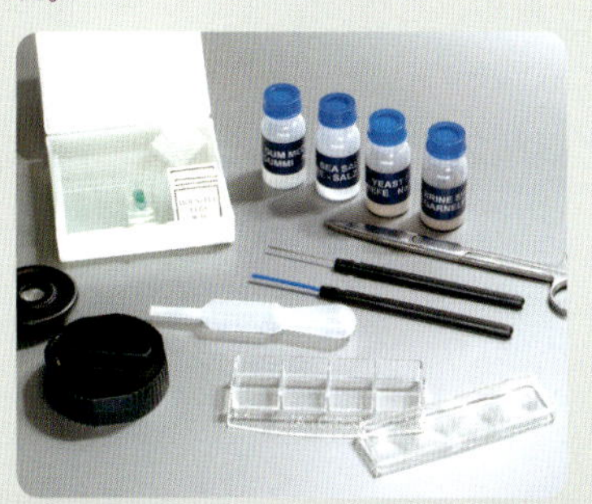

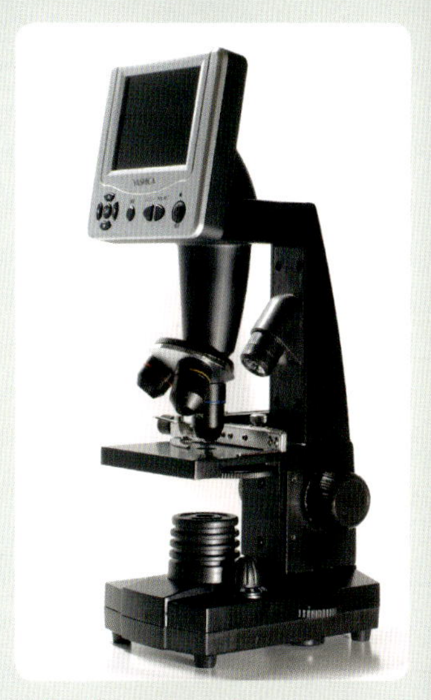

外観や使いやすさは米セレストロン社の「CE44340」（当時の輸入価格 約7万円）とほぼ同じでしたが、500万画素の最新カメラを内蔵していました。

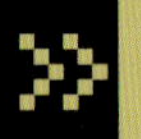

デジタル顕微鏡の使い方

“デジタル”が付かない普通の(生物)顕微鏡を使ったことがあるなら、それほど悩まなくても、すぐに使いこなせるようになるでしょう。ただし、デジタル顕微鏡なのですからデジタルカメラ部分の設定などが必要になります。

なお、ここからはセレストロン製の「LCDデジタル顕微鏡(CE44341)」で説明していきますが、他のデジタル顕微鏡の場合も、基本操作はそれほど変わりません。一連の流れを覚えておきましょう。

①電源とメモリーカード

ケースから出したら安定する場所に設置し、電源コネクタをつなぎます。続いて、カードスロットにSDカードをセットします。

②カメラのスイッチ

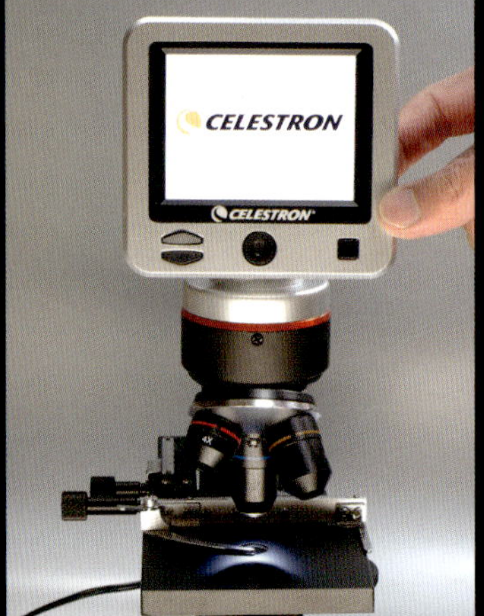

液晶モニター画面の裏にある電源ボタンを確認して、指で軽く押すとカメラ部分が起動します(画面にロゴが表示されます)。

③プレパラートのセット

レバーに指をかけて金具を押し開き、スライドグラス（プレパラート）をセットして、ゆっくりと金具を戻して固定します。

④照明を灯す

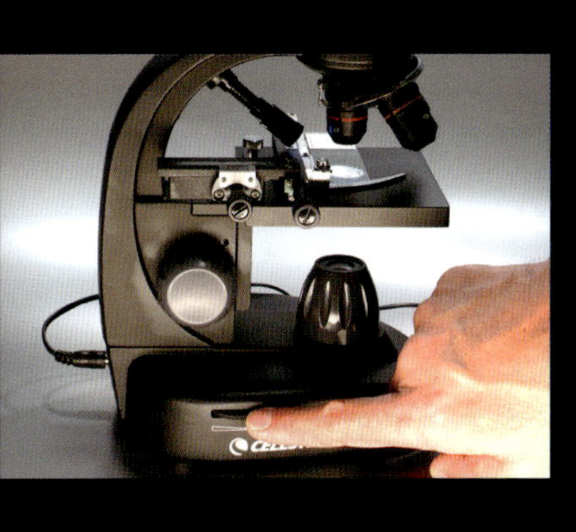

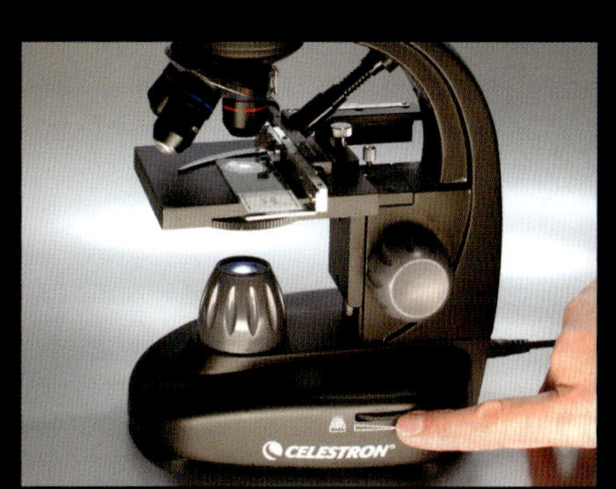

台の左右側面にある照明のスイッチを入れ、ダイヤルを回して明るさを調整します（右が透過照明、左が落射照明）。

⑤ピント合わせ

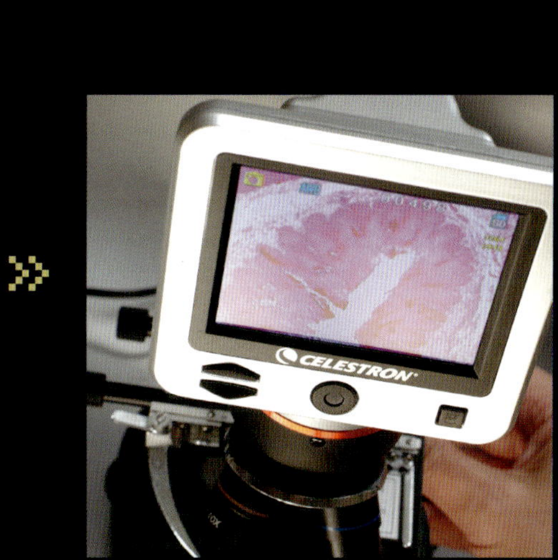

対物レンズの先がプレパラートに当たらないよう気をつけながら、ピント調整つまみをゆっくり回してピントを合わせます。

⑥位置合わせ

見たいところが対物レンズの真下になるようにメカニカルステージのつまみを回します。透過照明の透けた光を目安にするとよいでしょう。

⑦そのほかの操作

ステージ横のダイヤルを回し、透過照明の絞り（3段階）や色（3種類）を調整して見やすくします。

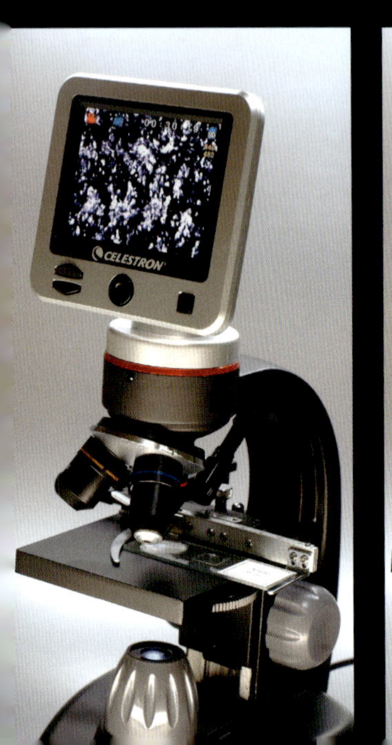

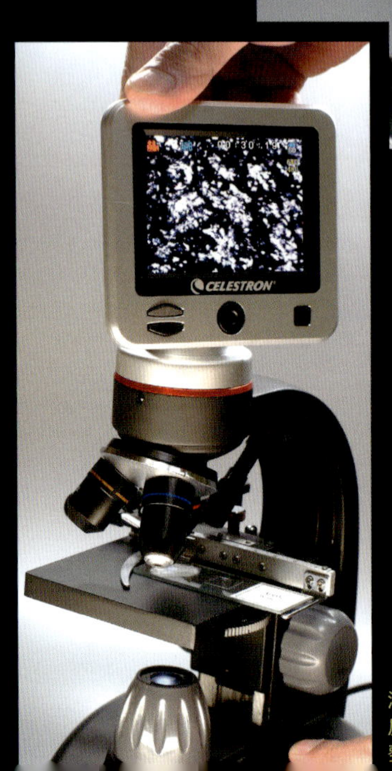

液晶モニターのあるデジタルカメラ部分は、右90度・左90度に回転します。画面が見やすいように調整しましょう。

⑧倍率の変更

ステージを一番下までおろしてから、対物レンズのターレットを回してレンズを切り替えます（写真左は40倍、右は100倍）。

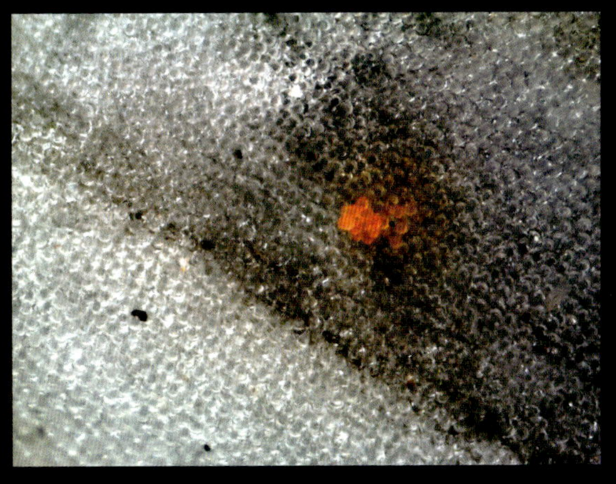

⑨デジタルズーム

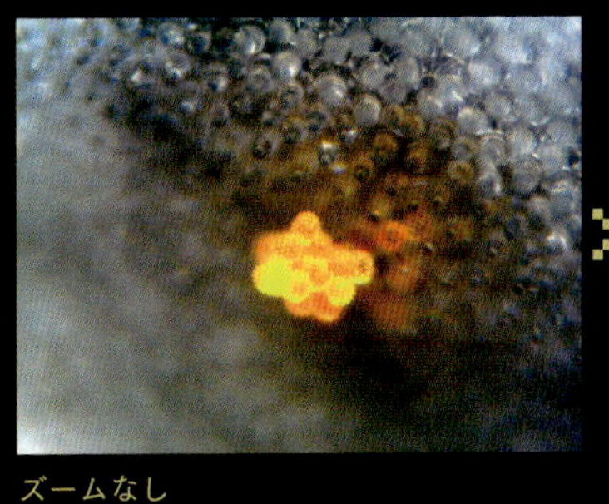

ズームなし

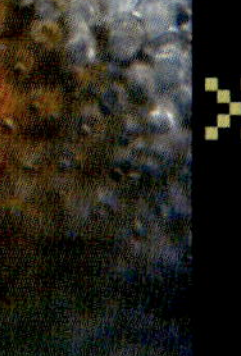

デジタル2倍

デジタル4倍

デジタル8倍

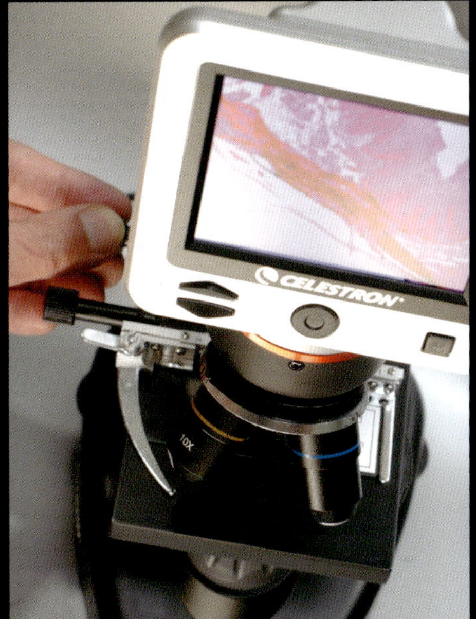

操作パネル左側の ▲▼ボタンを押すと、デジタル処理によるズーム（2倍/4倍/8倍）が働きます。ちょっと大きく見たい時に便利でしょう。

操作パネル

◎セレストロン デジタル顕微鏡II（CE44341）

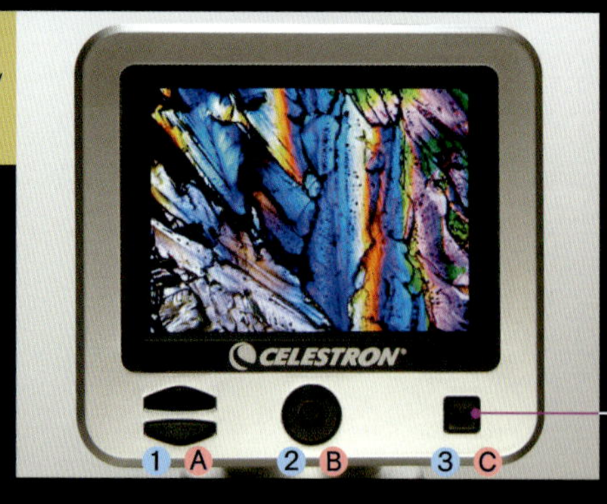

写真を撮るときには、中央の◎ボタンを押します。

動画を撮るときは、□ボタンを押し、動画モードに切り替えてから◎ボタンを押します。

長押し：メニューモード

観察時モード
❶デジタルズーム倍率
❷静止画撮影、動画撮影の開始・停止
❸静止画／動画の切り替え

メニューモード
Ⓐメニュー項目の移動、時間設定
Ⓑメニューの選択、設定
Ⓒ選択解除、メニューモード終了

◎操作メニューの日本語表示

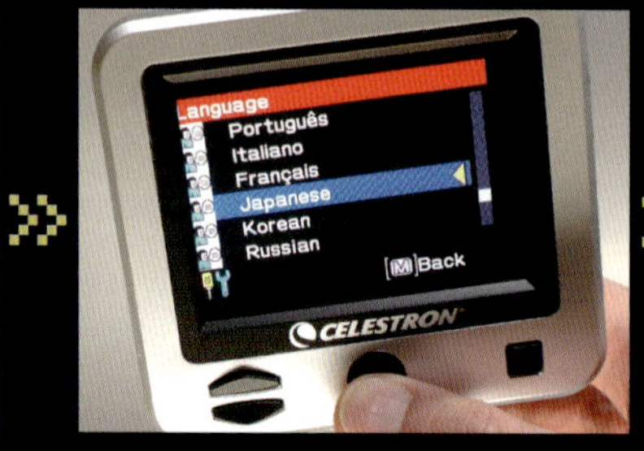

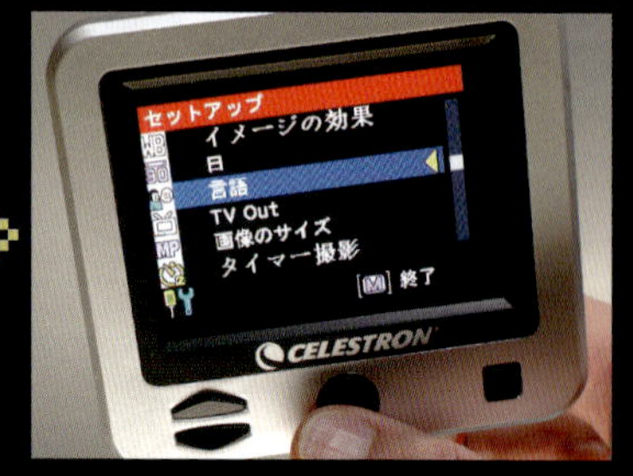

英語表記を単純に翻訳したものなので、日本語としては不自然な表記ですが、使いやすさのため最初に変更しておきましょう。

◎内部時計を合わせる

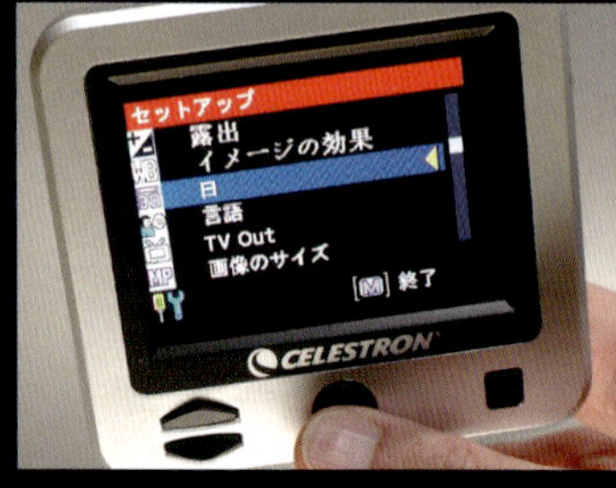

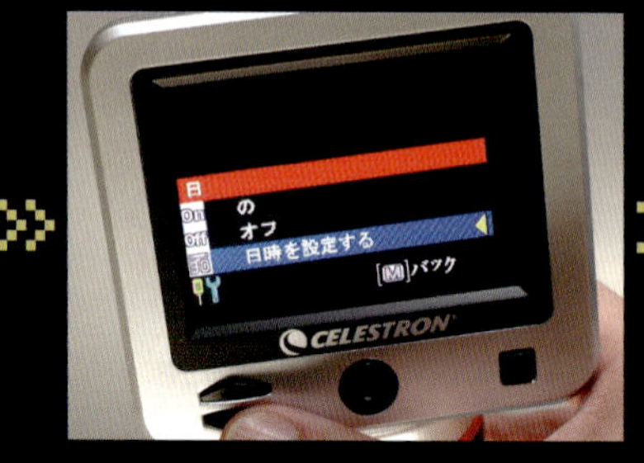

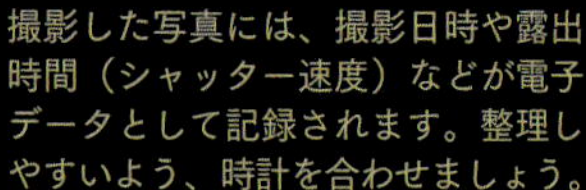

撮影した写真には、撮影日時や露出時間（シャッター速度）などが電子データとして記録されます。整理しやすいよう、時計を合わせましょう。

静止画写真に小さく写し入れることもできます。

◎画面サイズと露出の設定

写真の縦横ピクセル数を設定します。なお、写真の明るさは自動調整されますが、明るく／暗く感じたら露出（明るさ）を調整しましょう。

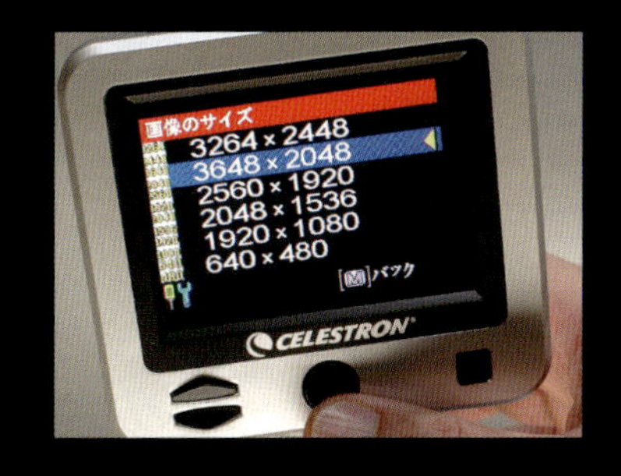

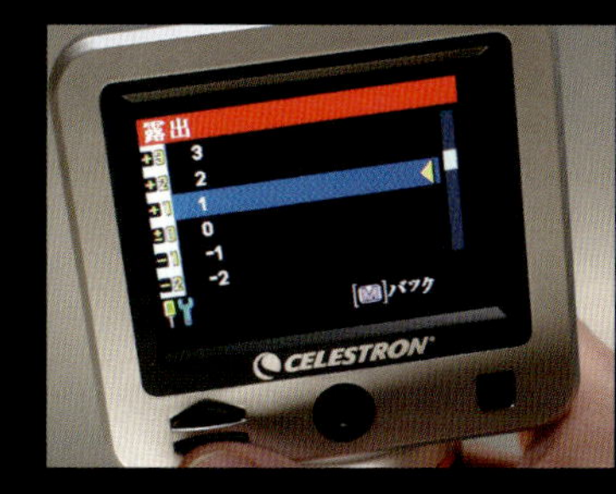

◎計測機能を使う

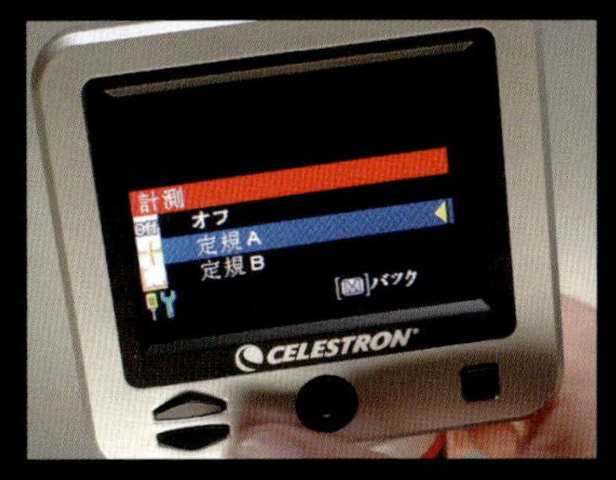

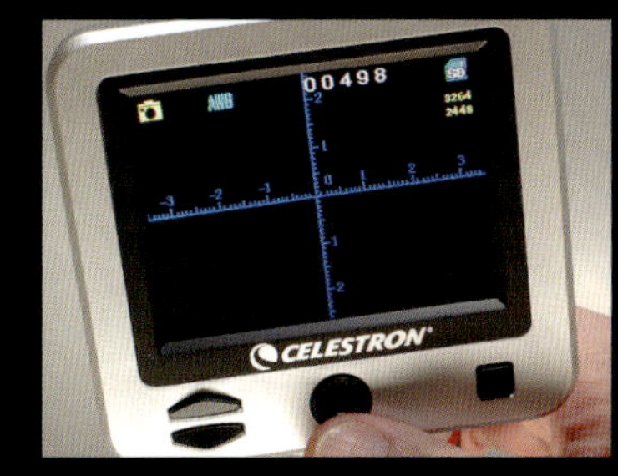

画面上に定規を表示できます（写真や動画には写りません）。この顕微鏡の場合、40倍の時に最小目盛り1つで約0.02mm＝20μmが目安です。

◎スイッチOFFを忘れずに！

使い終わったらカメラと照明のスイッチを切り、コンセントからACアダプタを外します。ここでの設定は電源がなくてもそのままですが、内部時計とタイマー撮影の撮影間隔は、電源が切れると初期化されます。時間関係の設定を保持したいなら乾電池をセットしておくとよいでしょう。

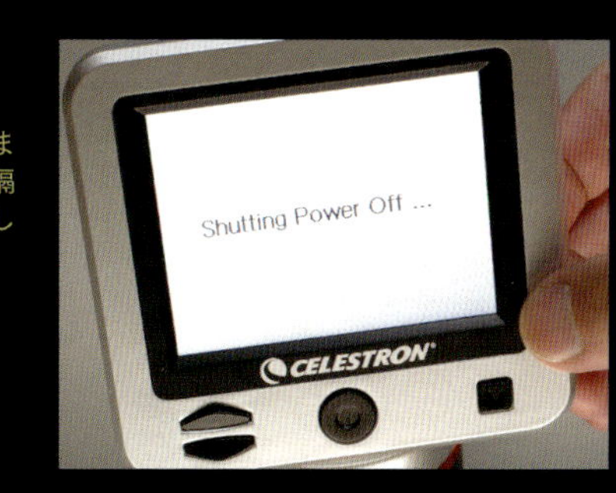

使いこなしたいタイマー撮影

いろいろ役立つのがタイマー撮影です。操作パネルの◎ボタンを押すと写真が撮れますが、ボタンを押すときの手の動きがカメラ部分に伝わり、手ブレ写真になることが多いのです。タイマー撮影では設定時間で自動的に写真を撮るため、手ブレが起こりません。

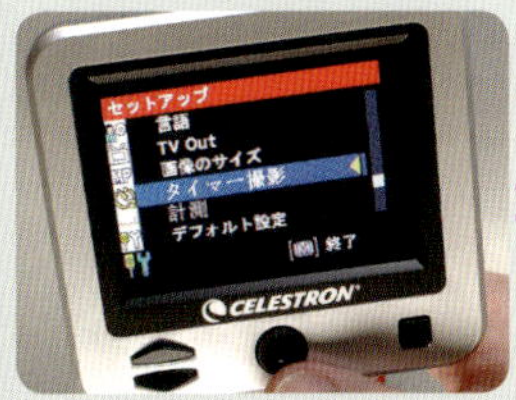

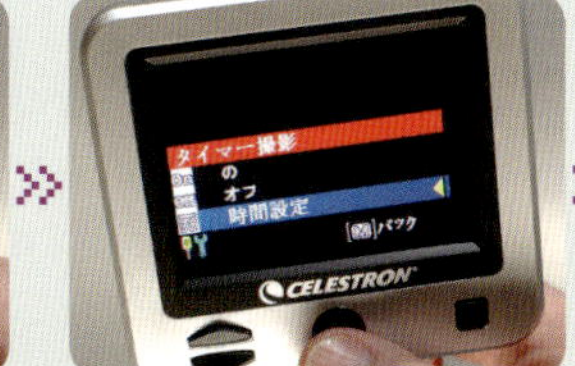

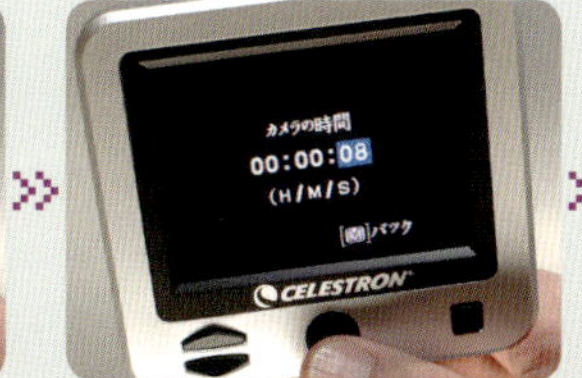

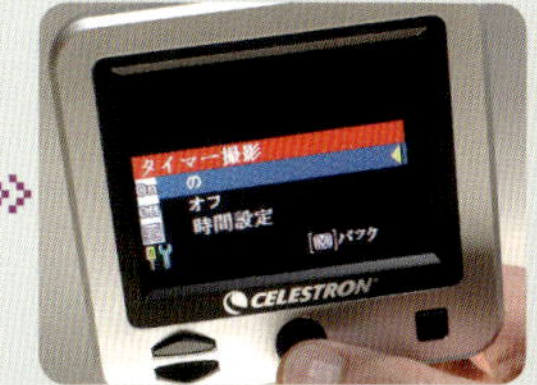

設定で撮影間隔（インターバル時間）をセットします。　ONにするとカウントダウン表示の後、自動撮影します。

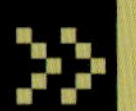

顕微鏡観察にあると便利な道具

結晶や身近なもの、動植物の採取などいろいろな観察試料を用意するのに、持っていると便利な道具を紹介しましょう。といっても理科実験の時に使うような専門的なものではありません。どれも、文具店や100円均一ショップで手に入ります。

◎チャック付きの袋

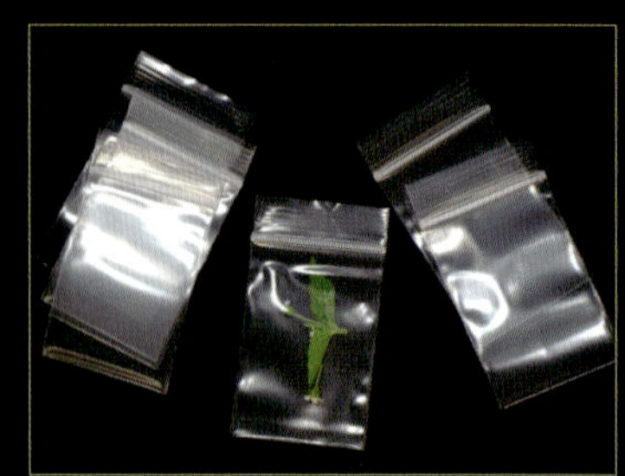

野外で採取した葉っぱなどの小さなものを入れておくのに使います。切手などの保管用に作られた小サイズの物でかまいません。サインペンで採取日時や場所などをその場で書いておくと、あとで保管したり整理したりするときもわかりやすいでしょう。

◎小さなプラスチック容器、空きビン

結晶観察の水溶液を作るときに使えるほか、採取した小さな花や昆虫の死骸などを押しつぶすことなく持ち運べます。ただし、プラスチック製品のため、耐熱温度には気をつけましょう。また、酸やアルカリ性の液体を扱うときのために、密閉できるガラスの空き瓶（薬のビンなど）もあると良いでしょう。

◎スポイトなど

水中の沈殿物を採取したり、スライドグラスの上に少しの水溶液をたらすときなどに使います。使用後は、中に水を吸い入れては出すのを繰り返し、よく洗って乾かしておきましょう。

◎ピンセット

小さなものを、そっと掴むための道具です。壊れやすいものや、素手で触りたくないものを扱うのに使います。写真は金属製のものですが、使いやすければ、安価なプラスチック製のものでもかまいません。

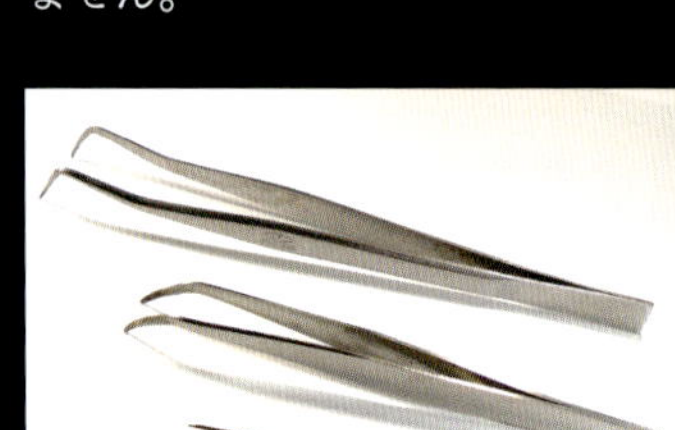

◎スライドグラスとプレパラート

生物顕微鏡では、「スライドグラス（スライドガラス）」の上に試料を置いて観察します。試料が液体などの場合、上から薄い「カバーガラス」をかぶせることもあります。そうして顕微鏡での観察用に整えられた標本を「プレパラート」といいます。付属サンプル・プレパラートの余白部分も利用できますが、足りなくなったら購入しましょう。学校教材を扱っているネット通販などで入手できます。これらは一般的にガラス製ですが、近頃は、より安全性の高いプラスチック製のものも売られています。

観察の前に（注意点）

◉安全メガネの着用

家庭内で使うような調味料や洗剤などの液体（水溶液）には、それほどの危険は無いと考えられています。しかし、それはあくまで普通の使い方をしているときのこと。顕微鏡で観察するときには、試料や標本を顔の近くで扱うこともあるため、何かの拍子に水溶液や粉末などが飛び散るかもしれません。また、スライドグラスが割れて破片が飛び散る恐れもあり、それらが目に入ると大変危険です。

目を保護するために必ず「安全メガネ」を使いましょう。接眼レンズを覗き込まなくて良いデジタル顕微鏡なのですから、安全メガネをかけていても、それほど邪魔にはなりません。

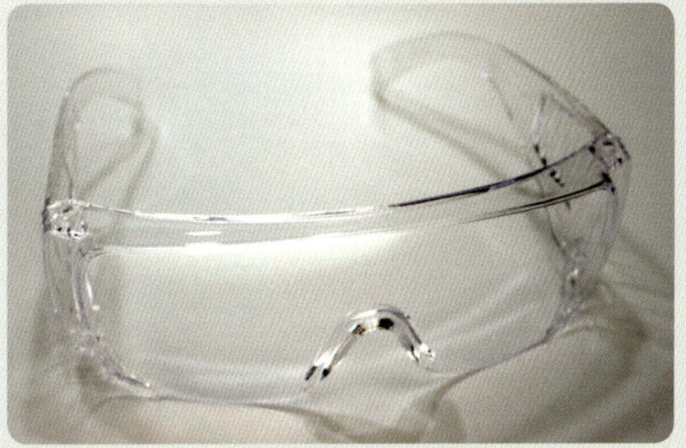

プラスチック製の安全メガネ。100円均一ショップで入手できます。

◉採取時も注意

自然の動植物を採取するときにも気をつけましょう。むやみに怖がるのも良くありませんが、雑草の小さな葉であっても、植物の汁が皮膚につくとかぶれることもありますし、強い毒を持つ小さな虫もいます。なるべく素手で触れないように採取して、ピンセットなどで扱うようにしましょう。また、雑草などとはいえ他人のものを勝手に採取したり、他人の敷地に侵入するのはやめましょう。採取時には周囲の状況や交通にも注意したいものです。

観察後に処分するときも同じです。ものによっては腐敗したり、カビが生えたりするため、確実に廃棄したほうがよいでしょう。

◉顕微鏡の扱い

デジタル顕微鏡は精密な光学機械であると同時に電気製品でもあります。乱暴にして衝撃を与えたりすると、顕微鏡が物理的に壊れることもあるので気をつけたいところです。また、水に濡らしたりすると、内部の電気回路がショートして壊れることもあります。使用後は、確実に電源を切り、電源コネクタ（ACアダプタ）を取り外して、ていねいに保管しましょう。

標本を大き目のバットの中で扱うと周囲を汚さなくて済みます。

本書の読み方

各ページは下のような構成でまとめています。顕微鏡で何かを観察するときに、どのようにすれば見やすくなるのか、撮影しやすくなるかのヒントを散りばめました。アイコンなどの情報を参考に、いろいろと試してみましょう。

◉印象：見えた姿からイメージしてみました。宿題や仕事ではないのですから楽しむのが一番！ 想像力を働かせましょう。

◉解説：観察対象の入手法（場所・時期）、生態、観察・撮影ノウハウなどを説明しています。ここに書いてある通りにしても同じように見えたり撮ったりできないのが顕微鏡観察の面白いところ。これを参考に、皆さんの自分なりの方法を見つけてください！

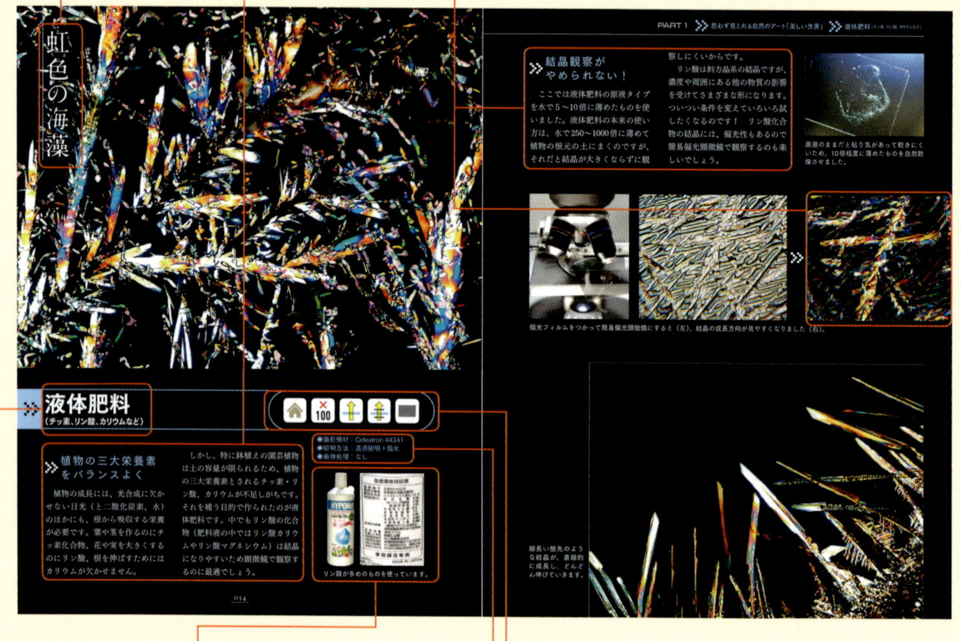

PART 1 思わず見とれる自然のアート「美しい世界」 液体肥料（チッ素、リン酸、カリウムなど）

虹色の海藻

液体肥料
（チッ素、リン酸、カリウムなど）

●撮影機材：Celestron 44341
●照明方法：透過照明＋偏光
●画像処理：なし

植物の三大栄養素をバランスよく

植物の成長には、光合成に欠かせない日光（と二酸化炭素、水）のほかにも、根から吸収する栄養が必要です。葉や茎を作るのにチッ素化合物、花や実を大きくするのにリン酸、根を伸ばすためにはカリウムが欠かせません。

しかし、特に鉢植えの園芸植物は土の容量が限られるため、植物の三大栄養素とされるチッ素・リン酸、カリウムが不足しがちです。それを補う目的で作られたのが液体肥料です。中でもリン酸の化合物（肥料液の中ではリン酸カリウムやリン酸マグネシウム）は結晶になりやすいため顕微鏡で観察するのに最適でしょう。

リン酸が多めのものを使っています。

結晶観察がやめられない！

ここでは液体肥料の原液タイプを水で5～10倍に薄めたものを使いました。液体肥料の本来の使い方は、水で250～1000倍に薄めて植物の根元の土にまくのですが、それだと結晶が大きくならずに観察しにくいからです。

リン酸は斜方晶系の結晶ですが、濃度や周囲にある他の物質の影響を受けてさまざまな形になります。ついつい条件を変えていろいろ試したくなるのです！ リン酸化合物の結晶には、偏光性もあるので簡易偏光顕微鏡で観察するのも楽しいでしょう。

原液のままだと粘り気があって乾きにくいため、10倍程度に薄めたものを自然乾燥させました。

偏光フィルムをつかって簡易偏光顕微鏡にすると（左）、結晶の成長方向が見やすくなりました（右）。

細長い槍先のような結晶が、直線的に成長し、どんどん伸びていきます。

054

◉名称：観察・撮影したモノの正体（正式名称・俗称）です。身近にあるものにも、意外とややこしい名前が付いています。

◉小写真：観察対象の全体像、顕微鏡を使わない外観を掲載しています。また、動植物の場合は、探すときの参考になるよう野外で見られる状態（生態）の写真を載せています。

◉アイコン：メイン写真の撮影状況をアイコンで示しています。詳細は右ページ（19ページ）をご覧ください。

◉条件：使用した顕微鏡の機種名、観察・撮影方法、画像処理枚数をまとめました。

覚えておきたい用語

顕微鏡で観察したり検査したりすることを「検鏡（けんきょう）」あるいは「鏡検（きょうけん）」といいます。このように耳慣れない言葉が出てくると思いますが、おおよそ次のように覚えていただければ問題ありません。

気体や液体の中から、何か目に見える固体（結晶など）が現れるのを「析出（せきしゅつ）」といいます。また、容量いっぱいに満たされるのを「飽和（ほうわ）」。これらを組み合わせ“飽和食塩水が乾燥して食塩が析出する”といったように使います。

大きさを表すときに使う「μ（マイクロ）」は、100万分の1のこと。1mの1000分の1がm(ミリ)、そのさらに1000分の1がμです。ちなみに、顕微鏡のことを英語では「Microscope(マイクロスコープ)」といいます。

◉アイコンの詳細

倍　率

観察時の倍率設定です。観察時40倍（対物レンズ4倍）の場合、画面への実際の表示倍率は約50倍ですが、対物レンズとの組み合わせで、対物レンズ10倍→100倍、対物レンズ40倍→400倍としています。

照　明

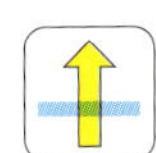

透過照明：下部の照明装置を点灯し、試料を透過させた光を見ます。

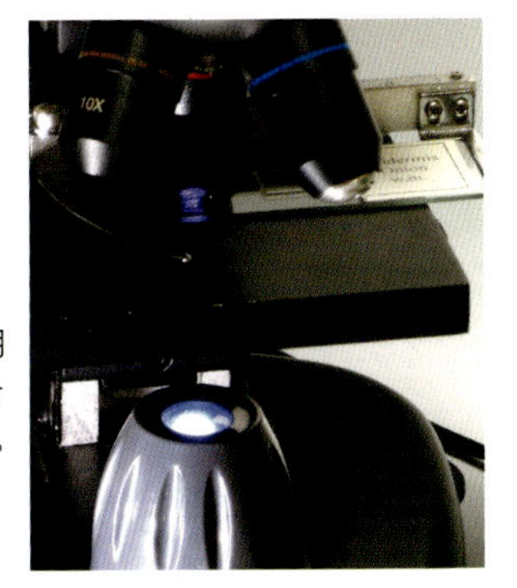

落射照明：上から下に（落とすように）光を照射し、反射光を見ます。

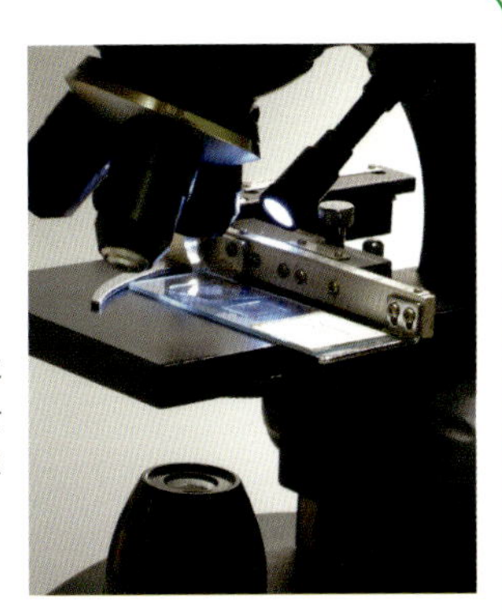

落射＋LED：落射照明で暗い場合に、近くからLEDライトで照らします。

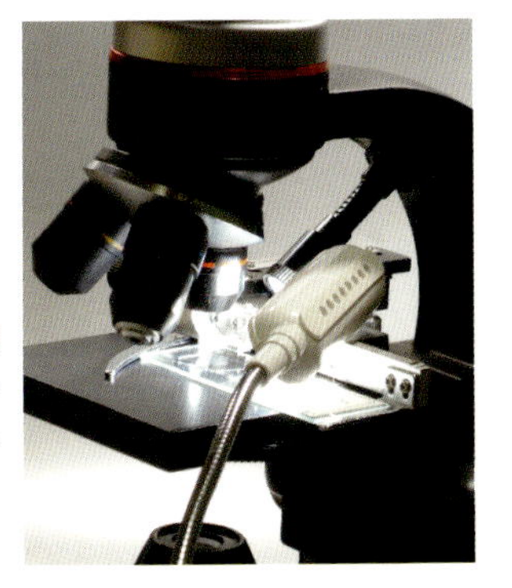

簡易偏光：2枚の偏光フィルムを使います（詳しくは63ページを参照）。

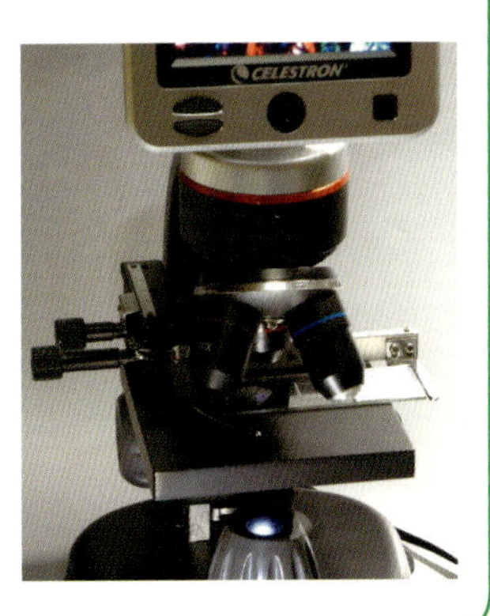

画像処理

処理なし：撮影したままの画像で、画像処理を何もしていません。

深度合成：全体にピントが合うようにしています（90ページ参照）。

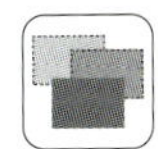

パノラマ合成：複数枚を1枚の写真にしています（140ページ参照）。

採取場所

野外：鉱物、動植物など屋外の自然環境から観察対象を集めました。

屋内：調味料の結晶など、屋内（家庭内）にあるものを使っています。

水中：水中の微生物を見るため、野外の水たまりなどから採取しました。

思わず見とれる自然のアート

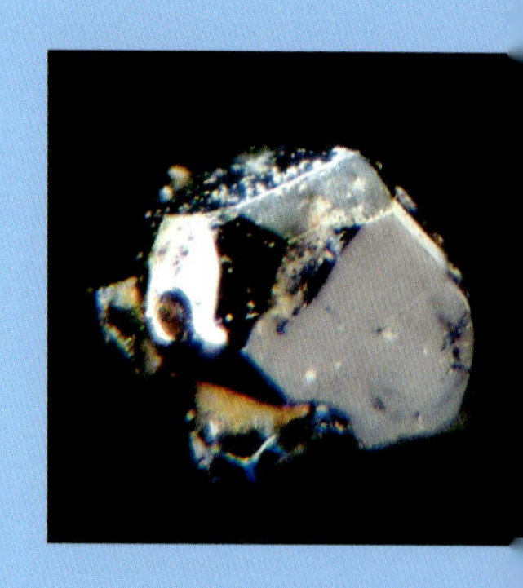

宝探しをしよう！　見つける楽しみ！

綺麗な結晶や鉱物

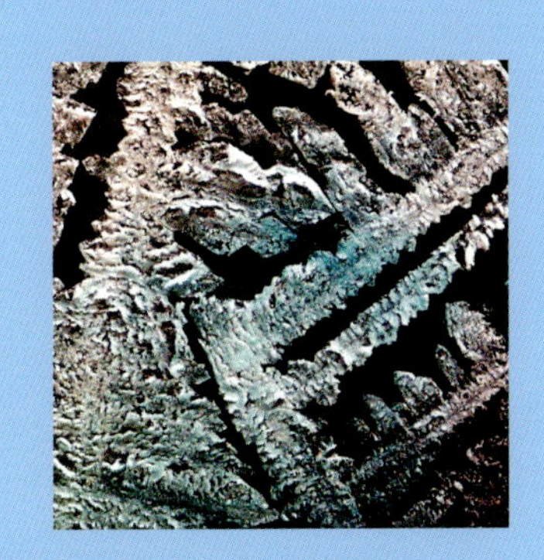

塩の根っこ

塩（食塩）
（塩化ナトリウム）

◉撮影機材：Celestron 44341
◉照明方法：透過照明
◉画像処理：なし

最も身近にある結晶物質

塩の結晶、誰もが一度は見たことがあるでしょう。味付け用として食卓に置いてあるのはもちろん、調理にもさまざまな目的で使います。一般的に「塩（食塩）」と呼ばれるのは、塩化ナトリウム（塩素とナトリウム）で、水に溶けると塩素イオンとナトリウムイオンに分かれます。

塩化ナトリウムは人が生きていくのに欠かせません。大人なら体の中に300g以上の塩化ナトリウムを常に持っていて、1日に3〜8gが身体から出ていきます。同じぐらいの量を毎日摂らないと生きていけないのです（夏の発汗時は少し多めに）。

食卓塩は、95％ぐらいが食塩（塩化ナトリウム）です。

乾燥すると結晶が出てくる

塩（塩化ナトリウム）は、温度が20℃ぐらいの水100gに対して、26gぐらい溶けます。コップに少しの水を入れ、そこにたっぷりの塩を入れて混ぜると、すぐに溶けて溶け残った塩が下に残ります。そのときの水は、塩化ナトリウムの飽和水溶液になっています。

飽和水溶液は、“これ以上は溶けない”ということなので、蒸発などで水が少し減ると溶け切れなくなった塩が結晶（立方晶系）になって出てきます。スライドグラスの上に塩の飽和水溶液を垂らして、顕微鏡で見てみましょう。

水に溶かす前の食塩の結晶、無色透明な立方体（8面体）をしています。

長方形や正方形の結晶が出てきて（析出して）、大きくなっていきます。

一定時間間隔で自動撮影すると、結晶が大きくなる様子がわかります。

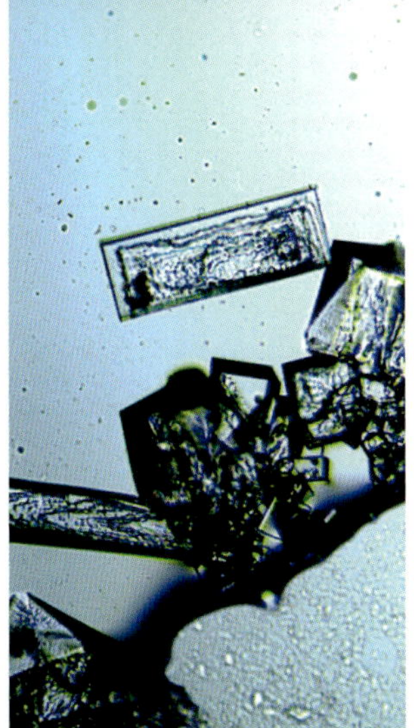

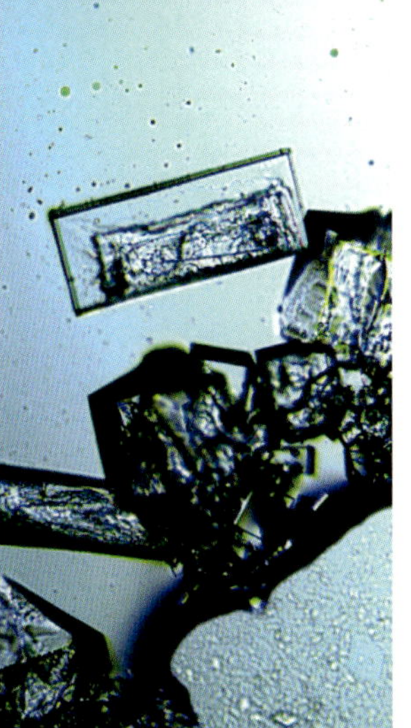

水溶液の温度や塩の濃度、不純物などの影響で20面体の結晶になることもあります。

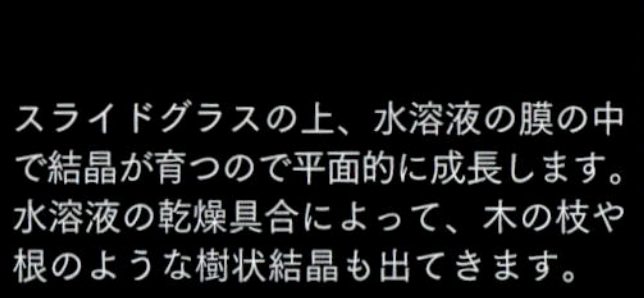

スライドグラスの上、水溶液の膜の中で結晶が育つので平面的に成長します。水溶液の乾燥具合によって、木の枝や根のような樹状結晶も出てきます。

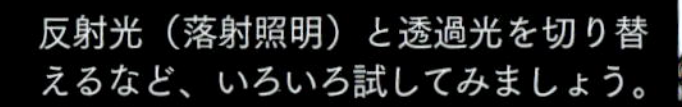

反射光（落射照明）と透過光を切り替えるなど、いろいろ試してみましょう。

新種のクラゲ？

重曹
（炭酸水素ナトリウム）

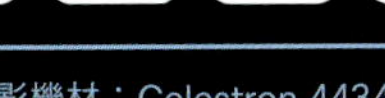

◉撮影機材：Celestron 44341
◉照明方法：透過照明＋偏光
◉画像処理：パノラマ合成 4 枚

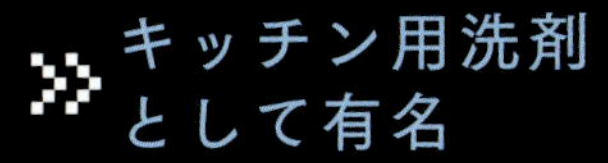

キッチン用洗剤として有名

重曹（炭酸水素ナトリウム）は、水に溶かすと弱アルカリ性になって油汚れと良く反応することや、溶け切れなかった小さな粒が研磨剤として汚れを落とすことなどから、キッチン用の洗剤としてよく使われます。また、調理用の食品添加物（ベーキングパウダー）や入浴剤など、身の回りで多用されています。セスキ炭酸ソーダ（炭酸水素ナトリウムと炭酸ナトリウム）も似た性質があります。

水にはあまり溶けませんが、飽和水溶液をスライドグラスに数滴たらして自然に乾燥させると、ゆっくりと水分がなくなって小さな結晶が出てきます。

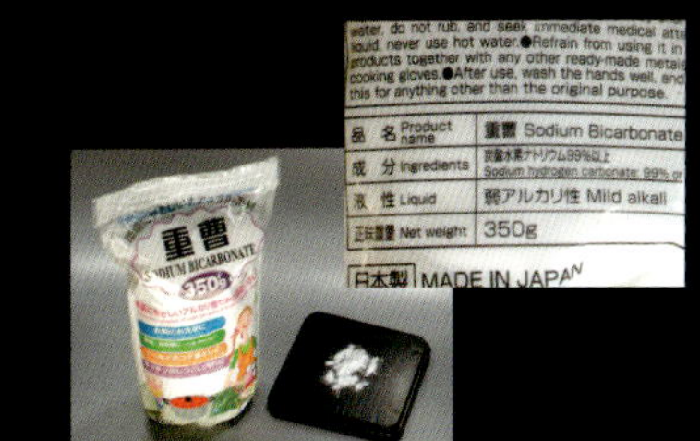

洗剤として売られている重曹（炭酸水素ナトリウム）にはわずかに不純物が入っていますが、顕微鏡で見るならこれで十分

一部が炭酸ナトリウムに変化

もともとの重曹の結晶は、右のような（六角形を伸ばしたような）多角形の板状です。しかし水溶液から結晶ができるときは、温度や濃度によってさまざまな形になります。一部が炭酸ナトリウムになるため、結晶の形も多様で、特にスライドグラスの表面で結晶になるときは、ガラス面との接触や、水面の乾燥具合が大きく関係して複雑なものになります。水溶液の濃度や乾かす温度、顕微鏡で見るときの照明など、条件を変えていろいろと試してみましょう。

重曹の粉末をそのまま40倍で観察、小さな結晶の集まりからできています。

スライドグラスの上で成長した結晶を透過照明（左）と落射照明（右）で比較。最初に雪のような形の大きな結晶ができ、続いて樹状の結晶が成長するようです。

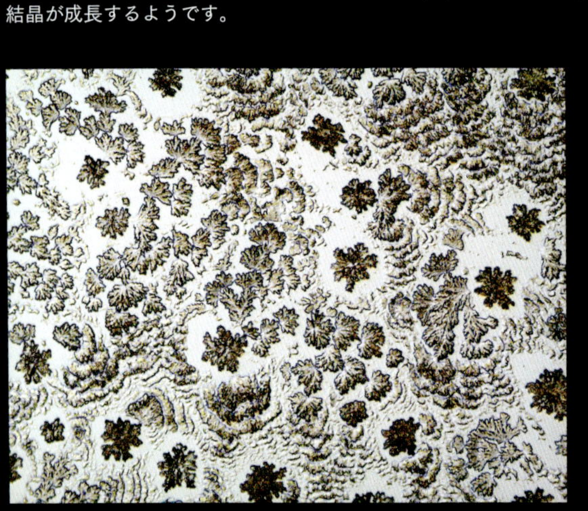

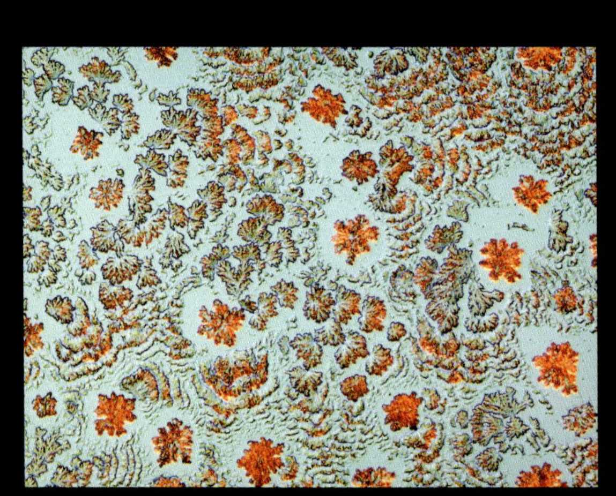

透過照明のカラーフィルターを使って背景光の色を変えると、デジタル顕微鏡の自動的な色補正によって結晶が色付きます。

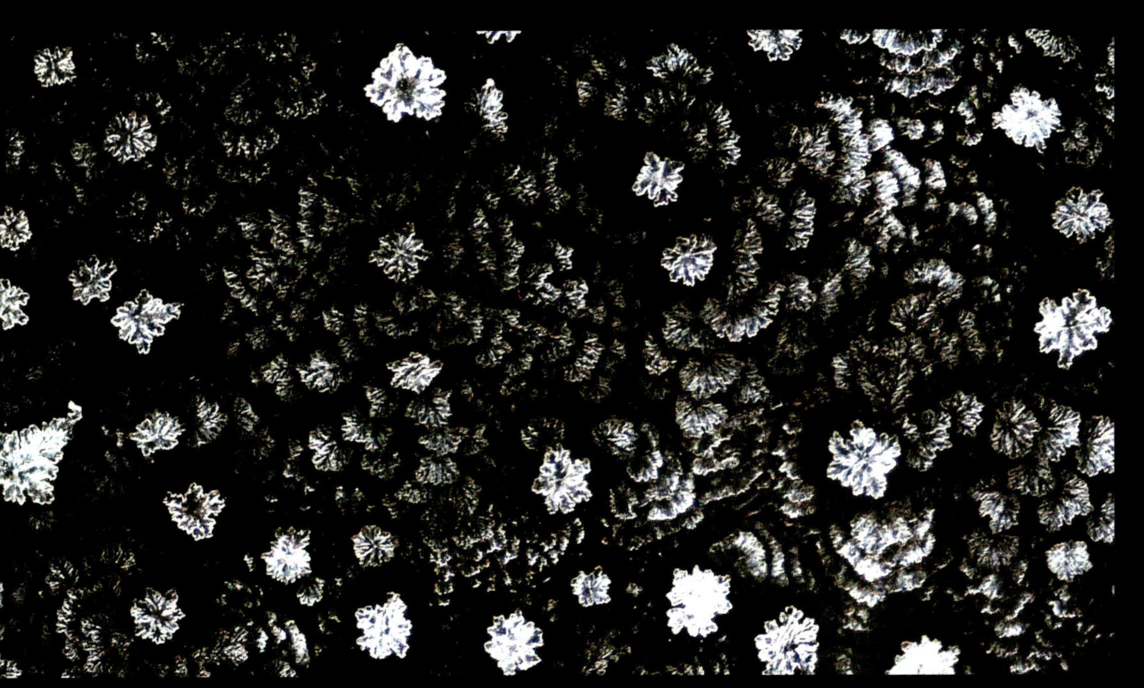

落射照明にLED照明を加えて、40倍で撮影。さらに、左右2枚の写真をパノラマ合成によって横長の1枚にしています。薄く雪をかぶった山を上空から見下ろすようですね。

薄い濃度の水溶液を自然乾燥、まるで生き物（植物の根）のように結晶が成長しています。

スライドグラスを少しだけ傾けていたところ、水溶液の濃度勾配によって、結晶が一方向に成長しました。

極彩色の抽象画

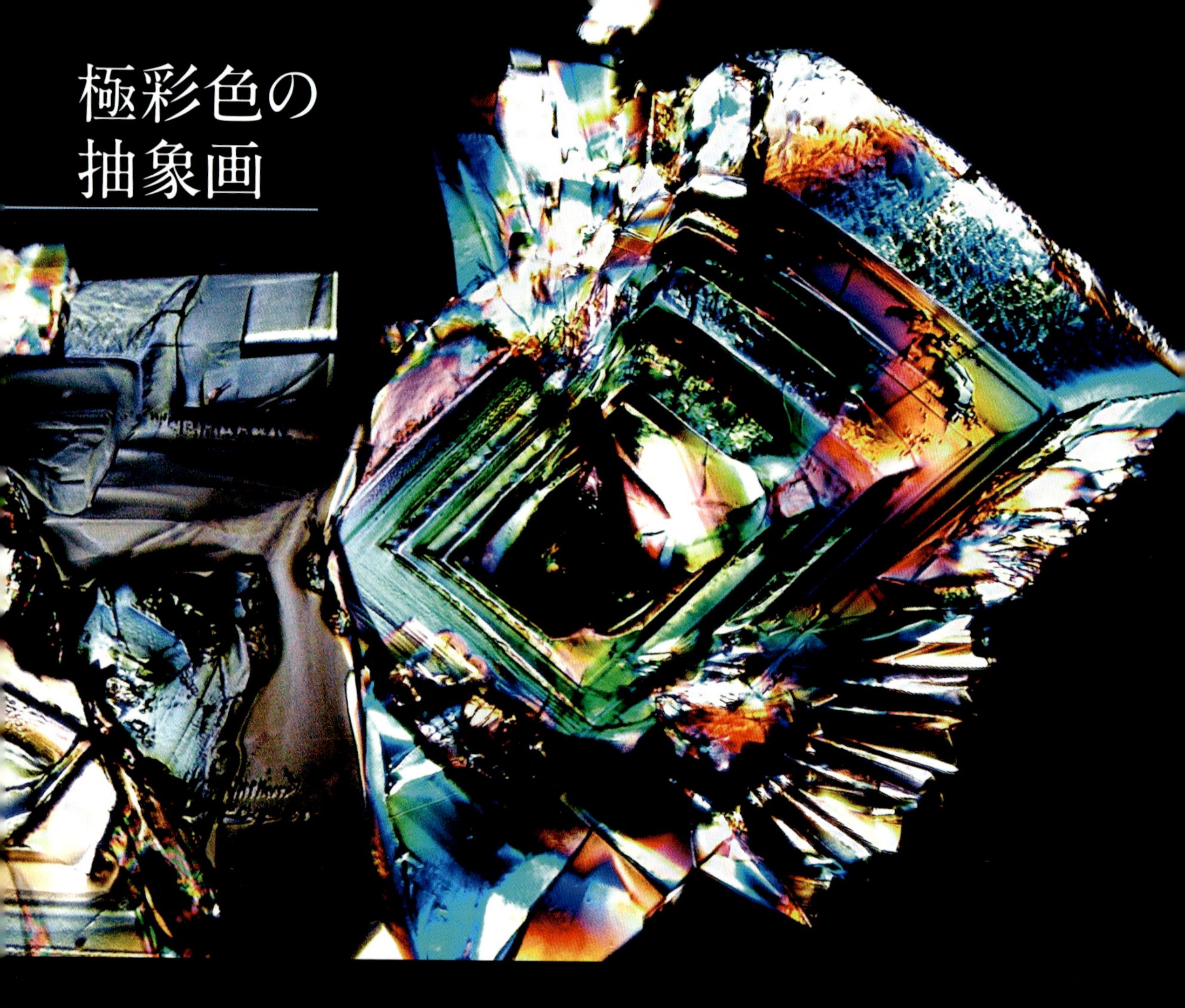

グラニュー糖
(ショ糖)

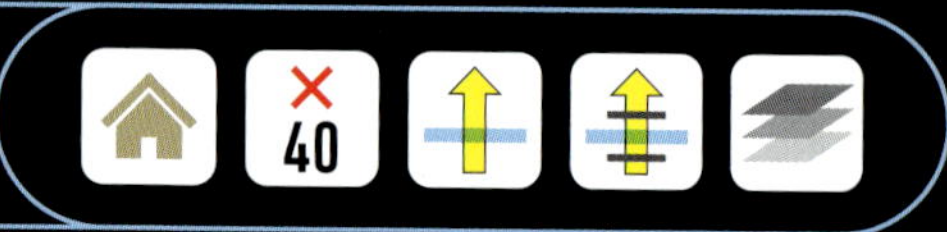

◉撮影機材：Celestron 44341
◉照明方法：透過照明＋偏光
◉画像処理：深度合成3枚

お砂糖の主成分

日本で砂糖として売られているものには、上白糖、三温糖などがありますが、それらの主成分がショ糖（スクロース）であり、ショ糖の純度が高く、結晶になっているのが「グラニュー糖」。さらにショ糖の結晶を大きくしたものが氷砂糖、細かく砕き空気を含ませて顆粒状にしたのが粉糖です。顕微鏡で結晶を見るならグラニュー糖が良いでしょう。

水に良く溶けるため、スライドグラスに垂らした飽和水溶液を、数時間かけてゆっくりと自然乾燥させるだけで、美しい結晶が得られます。上の写真は簡易偏光顕微鏡で撮影したそのままの画像です。

99.9%のショ糖からできているのがグラニュー糖です。

甘さより、その美しさ

糖の溶液には、光の偏光方向を回転させる旋光の性質があります。これは糖の分子構造によるものです。ショ糖は、単糖とされるブドウ糖（右旋性）と果糖（左旋性）のふたつがくっついた二糖類で、右旋性をしめします。

結晶になると分子の並びが揃うため、偏光の性質が特に顕著になります。簡易な偏光顕微鏡（63ページ参照）でも、結晶が美しく色付いて見えるので、ぜひとも試してみましょう！

グラニュー糖をルーペで拡大すると、一粒一粒が結晶になっているのがわかります。

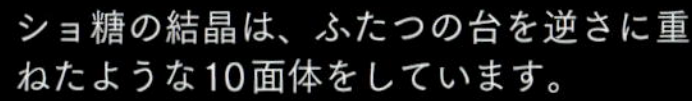

ショ糖の結晶は、ふたつの台を逆さに重ねたような10面体をしています。

こちらは三温糖の粒。糖の分解物などの不純物があるため黄色く色付いています。

水溶液中で成長するショ糖の結晶を40倍で観察（左）。背景が暗くなるように偏光フィルムの向きを調整すると、ショ糖の結晶が色鮮やかに浮かび上がります（下）。

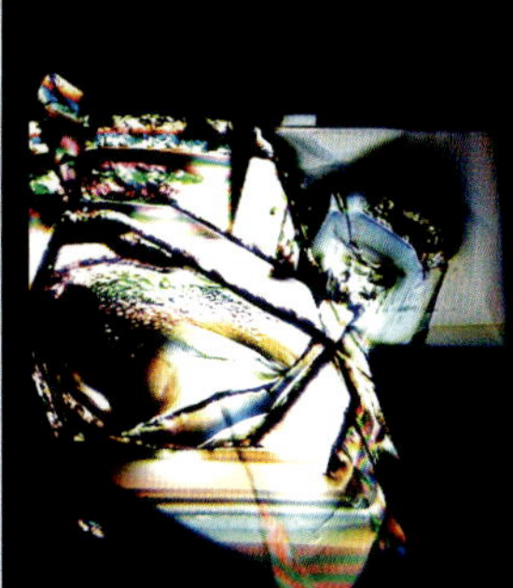

片方の偏光フィルムの向きを変えながら撮影しています（ひとつめは普通の透過照明）。

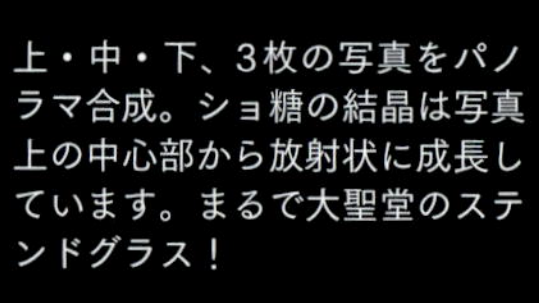

上・中・下、3枚の写真をパノラマ合成。ショ糖の結晶は写真上の中心部から放射状に成長しています。まるで大聖堂のステンドグラス！

虹色の翼。砂糖（ショ糖）の結晶の美しさに見とれてしまいます。

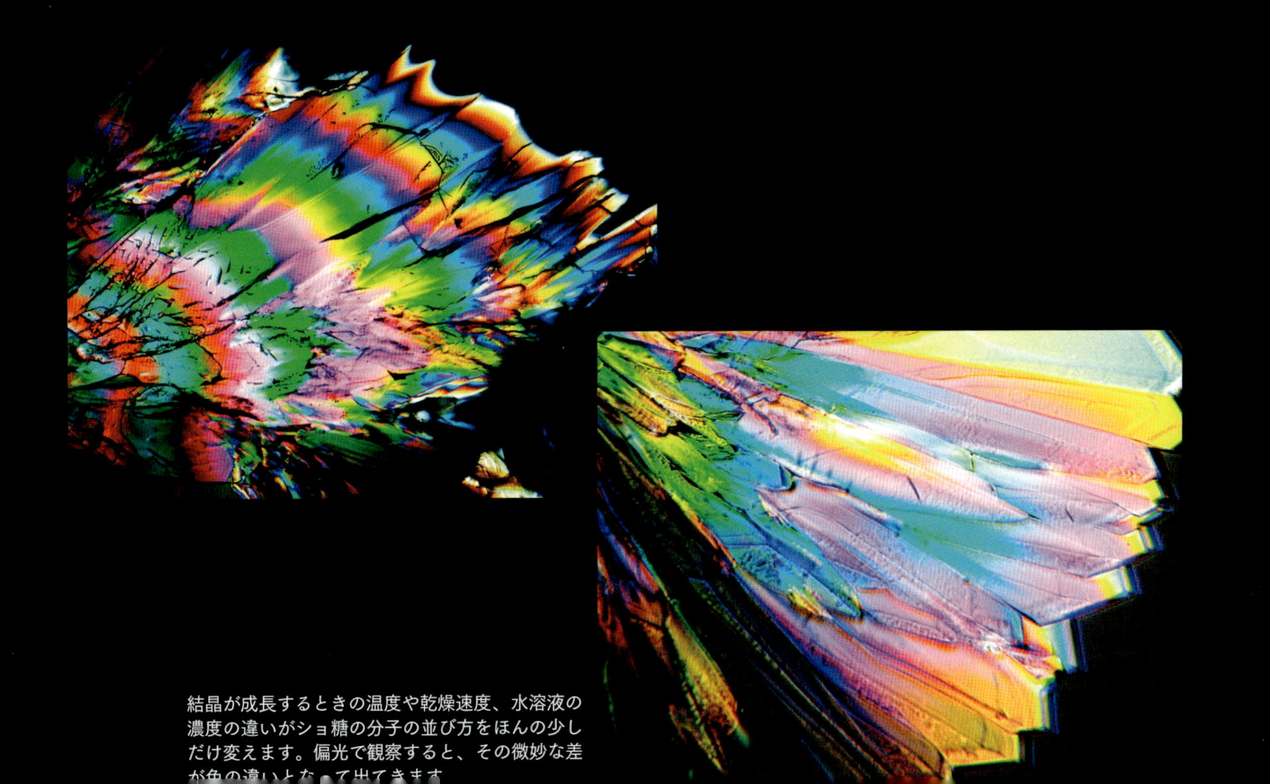

結晶が成長するときの温度や乾燥速度、水溶液の濃度の違いがショ糖の分子の並び方をほんの少しだけ変えます。偏光で観察すると、その微妙な差が色の違いとなって出てきます。

ミョウバン
（硫酸アンモニウムアルミニウム）

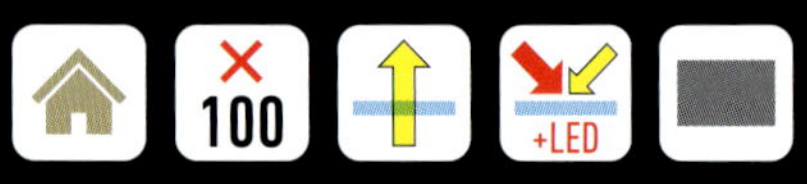

◉撮影機材：Celestron 44341
◉照明方法：透過照明＋LED
◉画像処理：なし

焼アンモニウムミョウバンとは？

一般的に「明ばん（ミョウバン）」というときには、カリミョウバン（硫酸カリウムアンモニウム十二水和物）のことを表します。今回使った「焼アンモニウムミョウバン（右写真）」は、カリウムの代わりにアンモニア・イオンが含まれるもの。さらに、“焼き”の文字が入っているので、過熱して水分（水和物）をなくし、水に溶けやすくしたものとなります。

ミョウバンとしての性質はほとんど同じで、ナスの漬物の色を保つための食品添加物、染物の媒染剤などとして使われています。

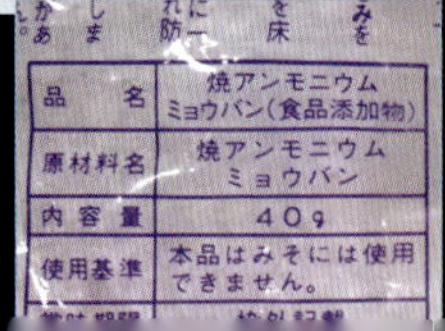

漬物用の焼アンモニウムミョウバンを使いました

結晶作りの実験でよく使われる

ミョウバンには、冷たい水よりもお湯に溶けやすいという性質があります。アンモニウムミョウバンの場合、100 g（100 mL）、20℃の水には5〜6 gしか溶けませんが、60℃ぐらいのお湯なら27 gも溶けます。水溶液の温度が下がると溶けられなくなったミョウバンがすぐに結晶として出てくるため、理科の結晶作りの実験などでもお馴染みでしょう。結晶は、等軸晶系であり、六角形板や八面体となります。

市販の焼ミョウバン、無水物のため結晶ではなく粉末状になっています。

水溶液を乾かしたもの、小さいながらも結晶の形がわかります（40倍）。

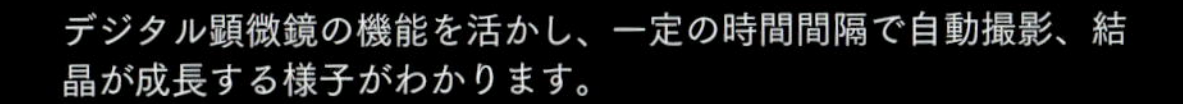

デジタル顕微鏡の機能を活かし、一定の時間間隔で自動撮影、結晶が成長する様子がわかります。

探すと八面体の結晶も見つかります（100倍）。

ミョウバンの結晶が平面で成長するときは、90度の角度で分岐するため、都市の航空写真のようにも見えますね。

水温による溶解度差が大きいため、水溶液が冷めるのに伴って結晶はぐんぐん成長します。

スライドグラスの横からLED照明を当てると陰影ができ、わずかな凹凸が強調されてより立体的に見えます。

カタナの舞

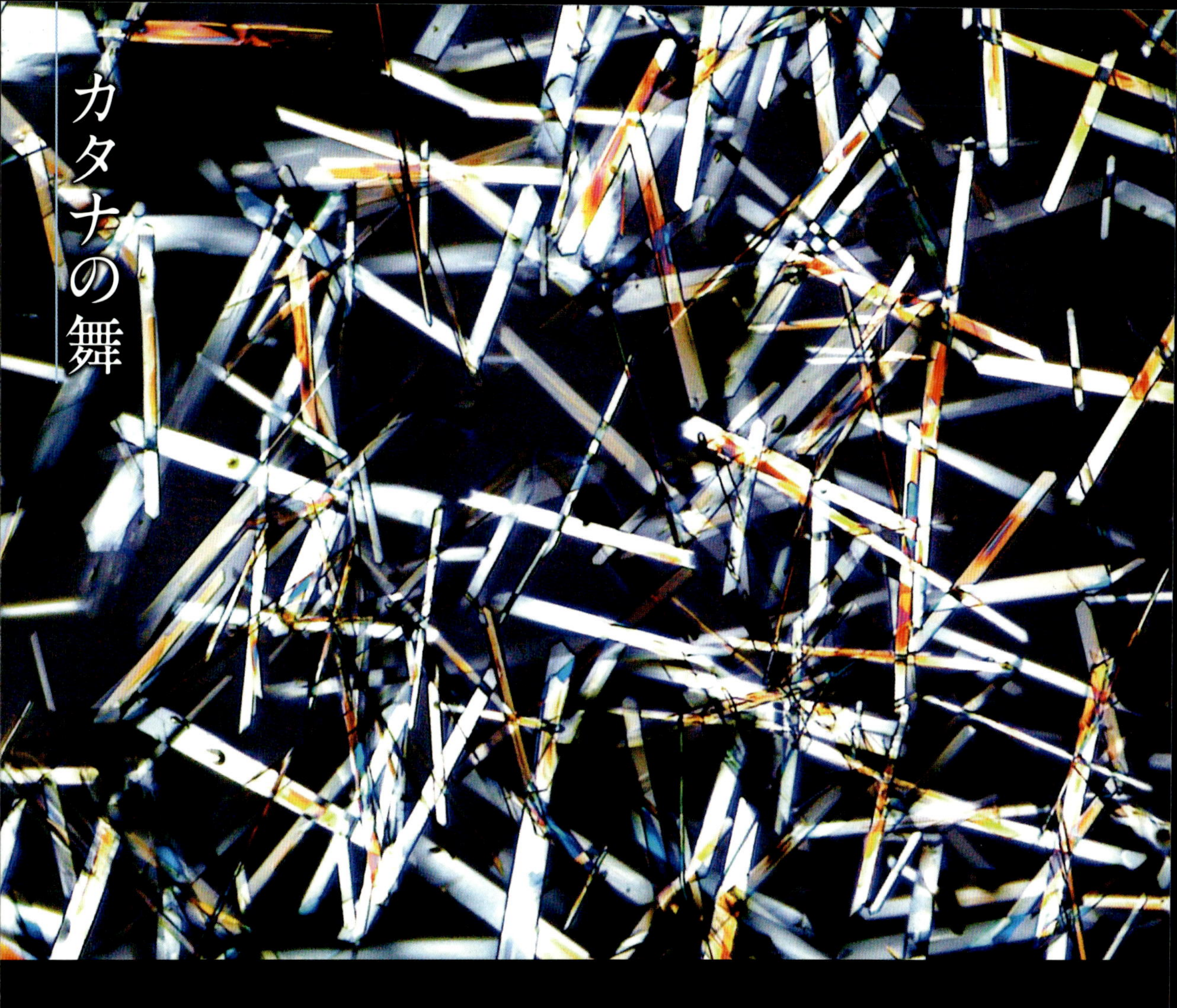

味の素
（グルタミン酸ナトリウム）

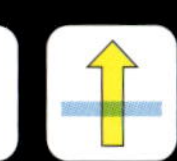

◉撮影機材：Celestron 44341
◉照明方法：透過照明＋偏光
◉画像処理：なし

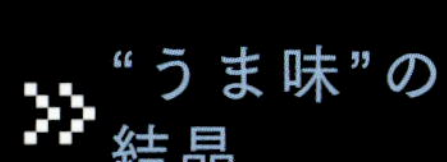

“うま味”の結晶

キッチンで見つかる結晶の中でも、注目したいのが「グルタミン酸ナトリウム」。これは、コンブやチーズなどに大量に含まれているアミノ酸のひとつ、L-グルタミン酸に、ナトリウムイオンを付けて安定させたものです。コンブダシなどの“うま味”として古くから知られていましたが、その正体がL－グルタミンであることが判明したのは約110年前の1907年、日本人の池田菊苗によって解明されました。その2年後には、ナトリウム塩として精製できるようになり、うま味調味料の「味の素」として世界中に普及し、現在にいたります。

おなじみのうま味調味料「味の素」。

独特の世界を偏光顕微鏡で！

味の素の粒は小さな結晶になっています。

味の素は、グルタミン酸ナトリウムの小結晶をパッケージングしたものです。ルーペを使っても棒状の結晶になっているのがわかりますが、顕微鏡で見ると水晶のような多角柱になっているのが確認できます。飽和水溶液を自然乾燥させると結晶が析出し、最初は長軸方向に短時間で成長して針のようになりますが、やがて太さを増してカタナのような形になります。また、この結晶も旋光性があるため、偏光フィルム（63ページ参照）を使うと色付いて見えます。

グルタミン酸ナトリウムは無色透明な六角柱状の結晶です。

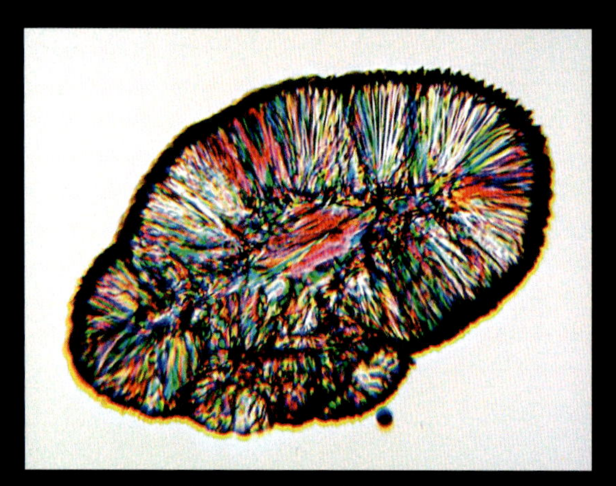

ドライヤーの熱風をあてるなど急に乾燥させると、針状結晶がくっついて面状に成長します。

最初から水を少なくすると、溶け残った部分を核にし、周りに針のような結晶が出てきます（下：簡易偏光顕微鏡）。

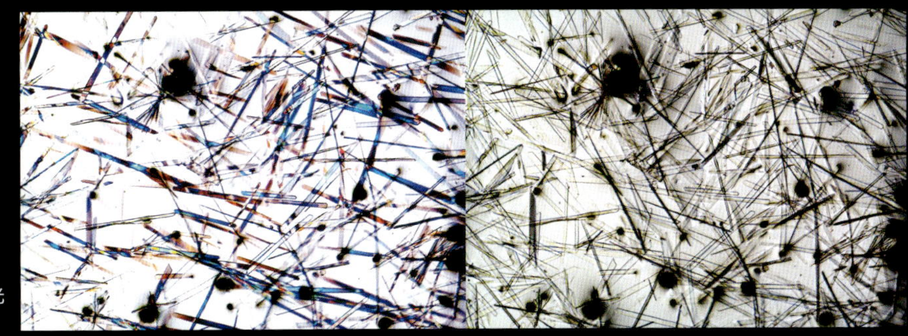

透過照明40倍（右）、同偏光で観察（左）したものです。

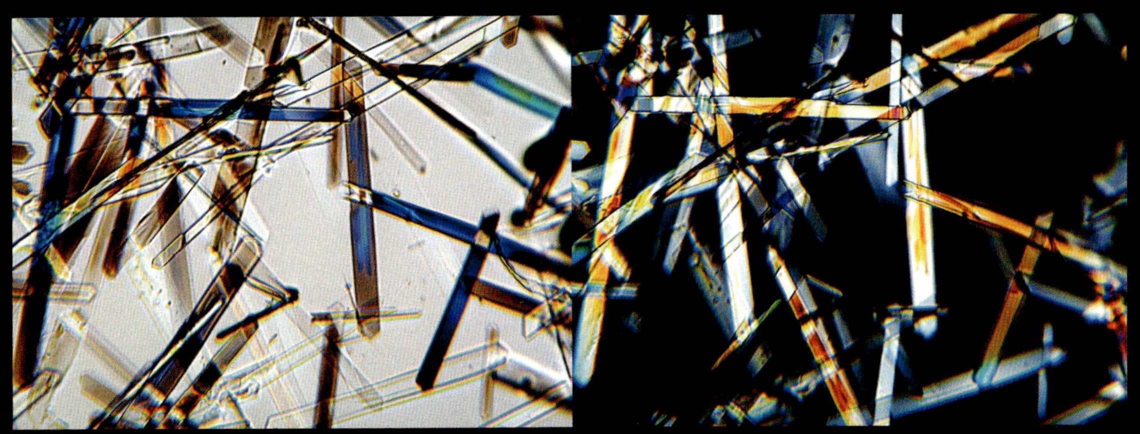

100倍で観察、結晶は六角形を押しつぶした形になります（左右どちらも簡易偏光顕微鏡）。

結晶長軸方向の成長独立性が強く、重なっても他の結晶に影響しません。現代アートのようですね。

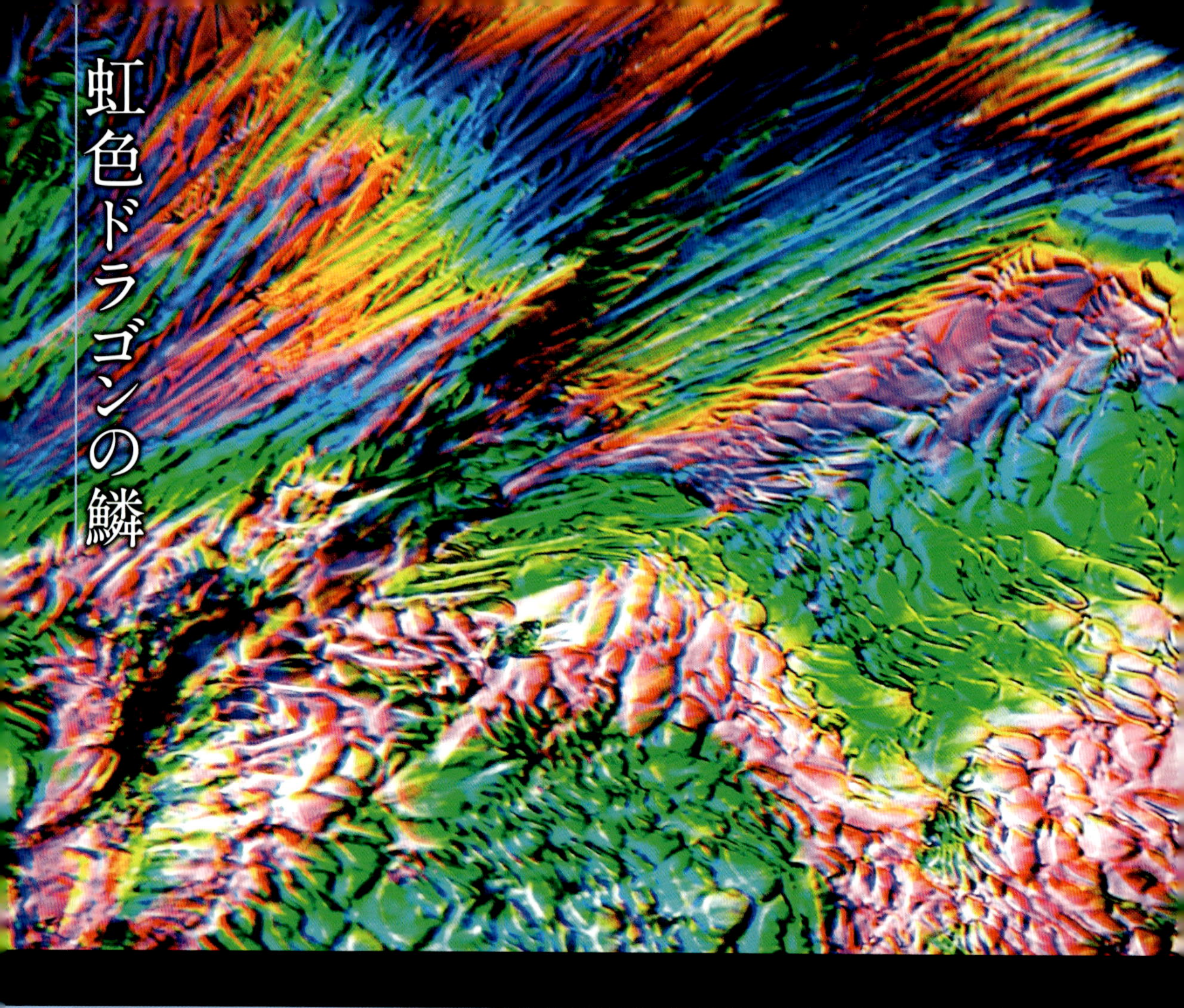

虹色ドラゴンの鱗

いの一番
（グルタミン酸・イノシン酸・グアニル酸）

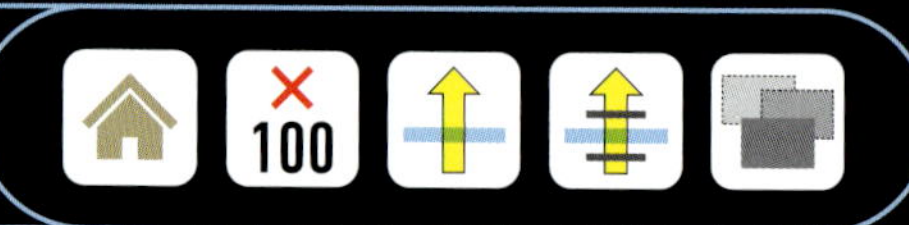

◉撮影機材：Celestron 44341
◉照明方法：透過照明＋偏光
◉画像処理：パノラマ合成4枚

掛け合わせた“うま味”

コンブのうま味の「グルタミン酸」に、かつおぶしのうま味「イノシン酸」、シイタケのうま味「グアニル酸」を加えたのが、うま味調味料の「いの一番」です。

味の素と同様、主成分はグルタミン酸ナトリウムですが、イノシン酸・グアニル酸の化合物である5'-リボヌクレオタイドナトリウムをより多く含むことで、水溶液を自然乾燥させたときに現れる結晶の見え方が大きく変わってきます。これは、実際に料理の味付けにおいても大切なことですが、うま味を掛け合わせると、結晶もまた繊細で複雑な美しさを見せてくれるのです。

市販製品は、極めて小さな結晶を集めて固めた顆粒になっています。

命を感じる ユニークな造形

グルタミン酸は、比較的単純な構造のアミノ酸ですが、イノシン酸やグアニル酸は「呈味性ヌクレオチド」と呼ばれる複雑な天然化合物で、核酸系調味料として扱われます。

それぞれ水に対しての溶解度が異なるため、スライドグラスの上で水溶液をゆっくりと自然乾燥させると、先にグルタミン酸が濃密な面結晶（あるいは針状結晶）としてあらわれ、その後に5'-リボヌクレオタイドナトリウムが、薄い羽毛のような結晶となって析出します。

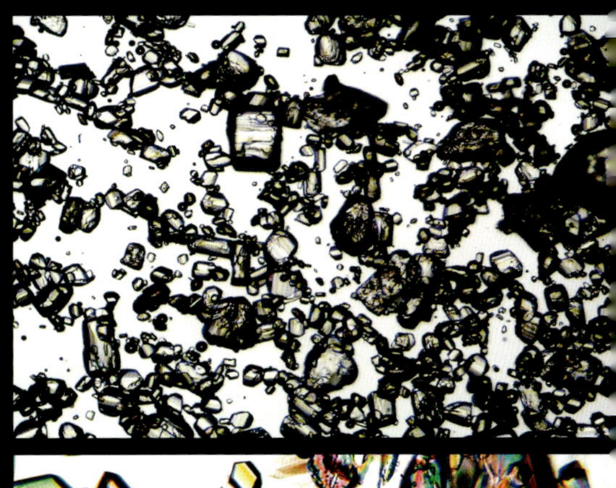

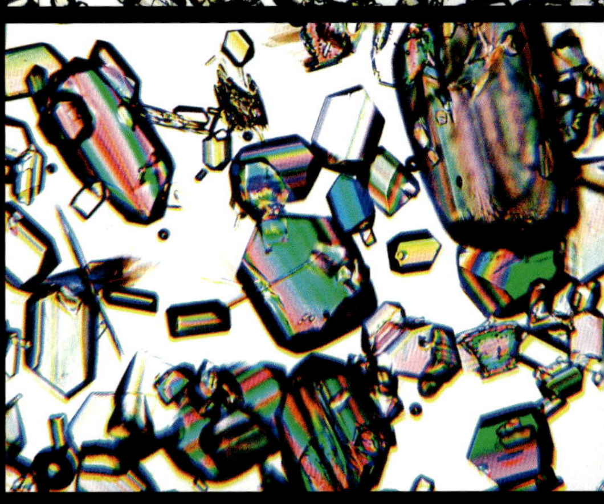

少量の水に溶かして顕微鏡で観察（上40倍、下100倍＋偏光）、グルタミン酸の結晶が溶け残っています。

簡易偏光顕微鏡で見ると、溶け残りを中心に放射状に結晶が成長するのが良くわかります。

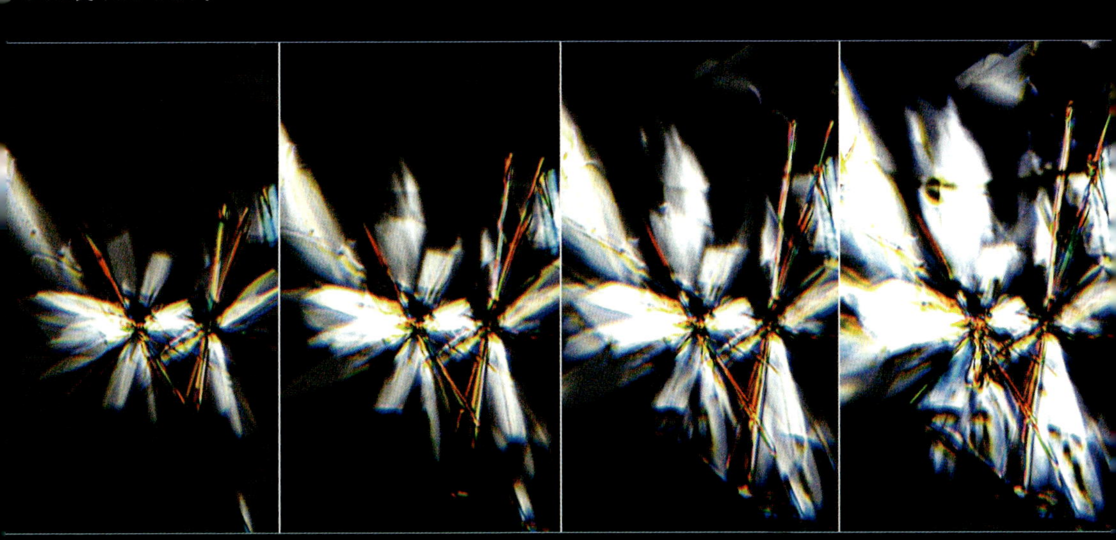

デジタル顕微鏡の機能を活用し、一定の時間間隔で自動撮影。針状結晶と羽毛のような結晶が大きく育っていきます。

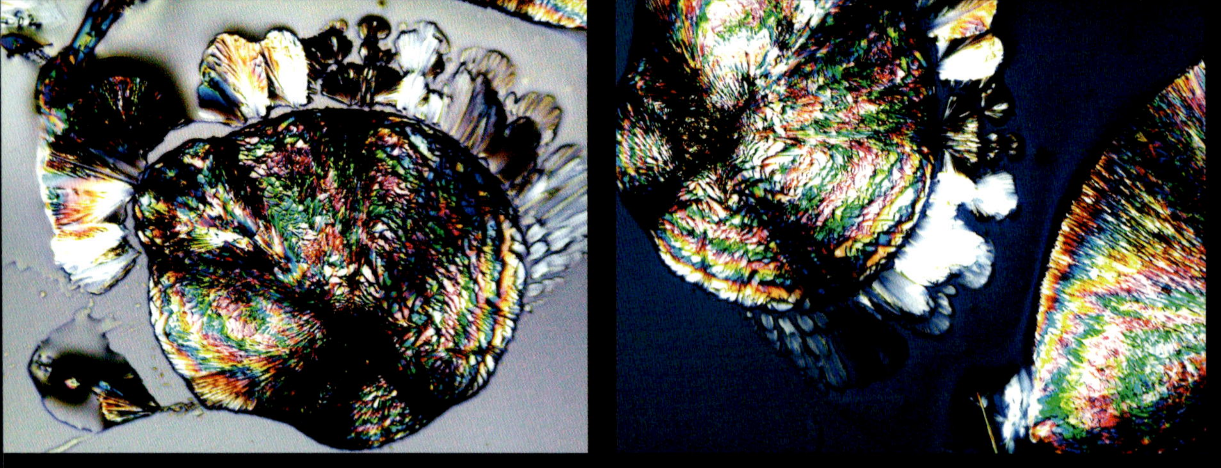

グルタミン酸が針状結晶の集合体として円形に成長し、その周囲に、イノシン酸・グアニル酸が羽毛のように扇状に伸びていきます。

三方向からせめぎ合うようにして針状結晶の集合が伸びています。

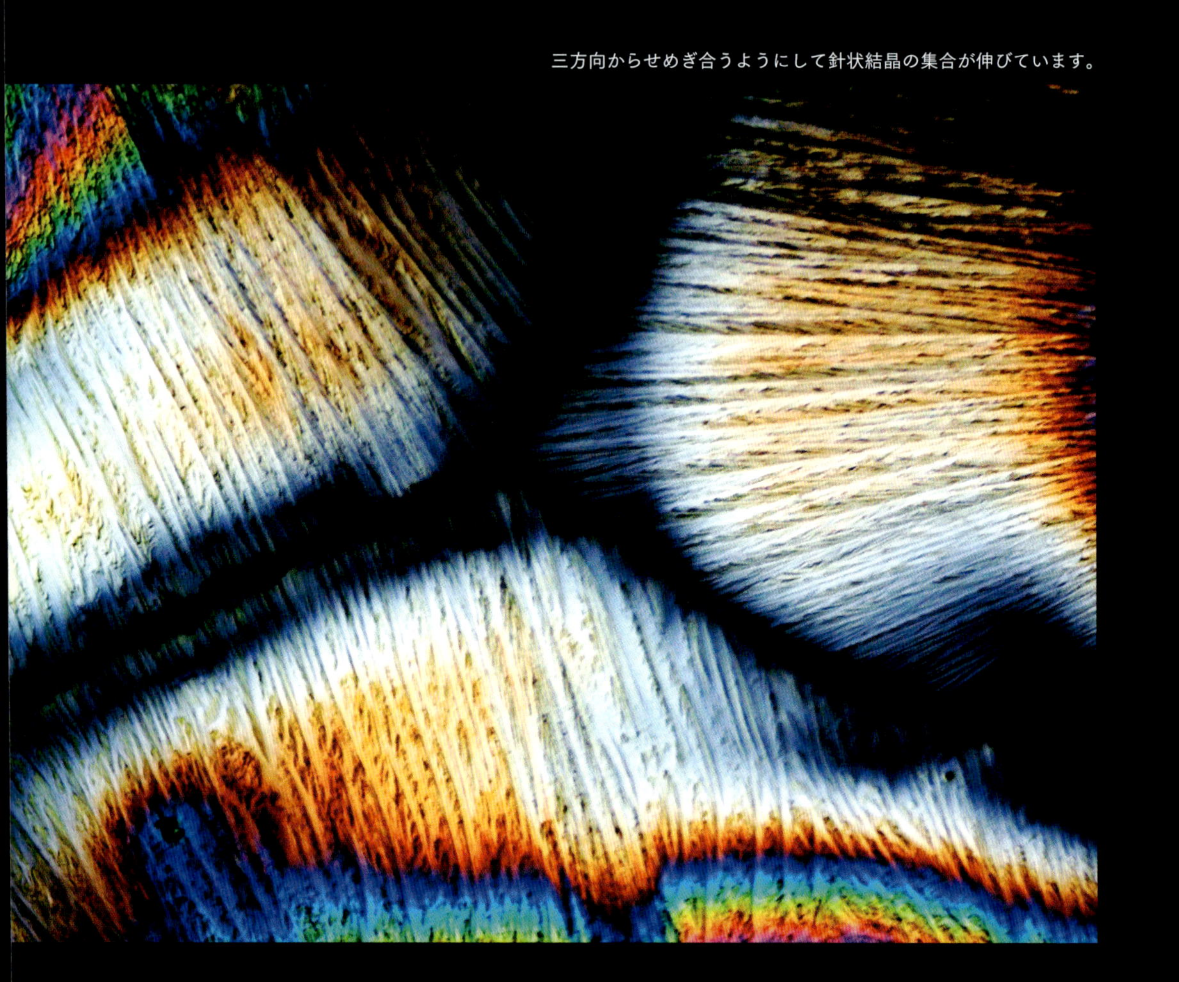

山に囲まれた平地の地質（堆積地形）を見るようです。水溶液の表面張力などが、雨水・河川の力と同じように作用したのでしょう。

自然が魅せる芸術作品！ミクロの美術館に迷い込んだようです。

砂場で宝石探し

公園の砂
（キ石、カンラン石、カクセン石など）

◉撮影機材：Celestron 44341
◉照明方法：落射照明
◉画像処理：パノラマ合成6枚

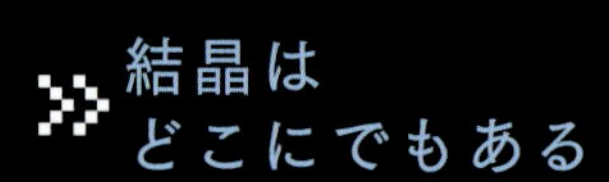

結晶はどこにでもある

美しい結晶といえば、やはり鉱物の結晶でしょう。宝石として加工したり、標本として原石のまま飾られたりします。価値を決めるのは主に希少性、大きくて質の良いものは簡単に見つかりません。しかし、顕微鏡で見えるサイズでかまわないなら、身近にもたくさんあります。

公園などの砂場から、ほんの少しだけ砂を分けてもらいましょう。理想は、住んでいるところの近くにある海の砂や河の砂を採取することです。砂にどのような鉱物が含まれているのか調べることで、地元の地質を知るきっかけになるでしょう。

児童公園などの砂場には、塩抜きした海砂が良く使われます。

砂場の砂は良く洗う

小さなポリ袋などに、小指の先ぐらいの量の砂を採取すれば十分です。ただし、公園の砂場の砂は、落ち葉などの腐敗物が混ざっていたり、小動物の糞尿に汚染されていたりします。衣類用の漂白剤を水で薄めたものと一緒に小ビンなどに入れて洗い、何度かすすいだ後に乾燥させてから観察しましょう。なお、砂場の砂は大量の砂鉄を含みます、あらかじめ磁石を使って砂鉄を取り除いておくと、透明な結晶質の鉱物を見つけやすくなるでしょう。スライドグラスの上にのせたら根気良く探すだけです。なお、左ページの結晶の形を残す鉱物はキ石の仲間です。

洗浄して乾燥させたもの（上）、磁石で砂鉄などを取り除くと、全体的に白くなります（下）。

巻貝の貝殻が見つかりました、どうやら海砂のようです。

無色透明なものの多くは、石英や火山性の天然ガラス。割れ口が二枚貝のようになる貝殻状断口を示すのが特徴です。

左40倍、右100倍、小さなひび割れのスキマで照明光が干渉して虹色に見えています。

“味気ない砂”という表現に反し、顕微鏡で見る砂は、非常に色鮮やかで魅力的。まるで地球の宝石箱です！

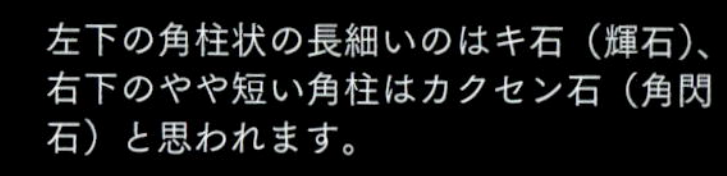

左下の角柱状の長細いのはキ石（輝石）、右下のやや短い角柱はカクセン石（角閃石）と思われます。

上のふたつは不定形ながらも結晶質であることや褐色～黄～黄緑という独特の色からカンラン石と思われます。

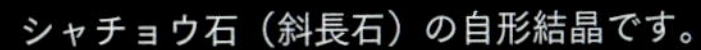

シャチョウ石（斜長石）の自形結晶です。

結晶の形がはっきりしているキ石（輝石）です。含まれる金属元素の種類や量の違いにより、結晶の形や色（透明度）に幅があります。

泥の中に隠れている!

泥の中の鉱物
(火山灰鉱物、チョウ石結晶)

◉撮影機材：Celestron 44341
◉照明方法：落射照明
◉画像処理：なし

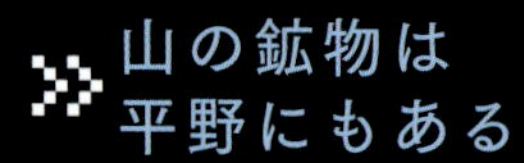

山の鉱物は平野にもある

火山の多い日本、平野部にもその影響は広がっています。関東地方では赤土と呼ばれることもある関東ローム層は、およそ数十万年前から数万年前にかけて関東方面に広く降り積もった火山灰を主な由来とする粘土質の土壌です。

火山灰（火山砕屑物）は、マグマが地表に出てくるとき、それまでドロドロに融けていた液体の岩石が急に低圧・低温になり、細かな石として固まったものです。短い時間で結晶になった鉱物もあれば、ガラスのように非晶状態で固まったものあります。上の大写真は関東ローム層で特に多く見つかるチョウ石（長石）の結晶です。

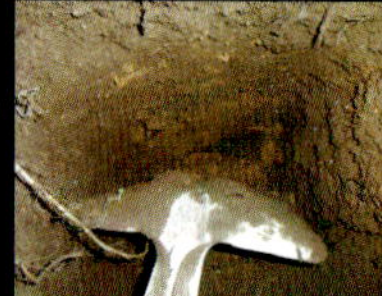

筆者宅では60cmほど深く掘ると……、

粘土質の関東ローム層に達しました。

庭の赤土で結晶探し

火山灰土壌は、河川の水のチカラでかき回されて堆積した土壌とは違って磨耗していないため、鉱物の結晶の姿を今もそのまま残しています。しかも非晶質の火山ガラスは化学風化によって分解・酸化して、赤っぽく見える細かな泥粒子になり、洗い流すことができます。

表層を削った造成地などで赤土を見かけたら、道路にこぼれた粘土質の塊をそっと拾って、顕微鏡で宝探しをしてみましょう。

空きビンなどに入れ、水洗いして赤くにごる粘土を洗い流し、さらに、黒っぽい磁鉄鉱などを磁石で取り除きます。

一部に粘土が残っていますが、美しい結晶面を持つ鉱物結晶（キ石）があらわれました。

色や結晶の形で鉱物の種類を見分けることができます。

チョウ石（長石）、キ石（輝石）、カクセン石（角閃石）などが見つけやすいでしょう。

照明もいろいろ工夫して撮影しましょう。

この２枚の写真は、粘土成分を洗い流すために指でこすりながら何度も水洗いしたものです。クリアに写っていますが、結晶も磨耗してしまいました。何事もほどほどが大切ですね。

日本刀の輝きを生む

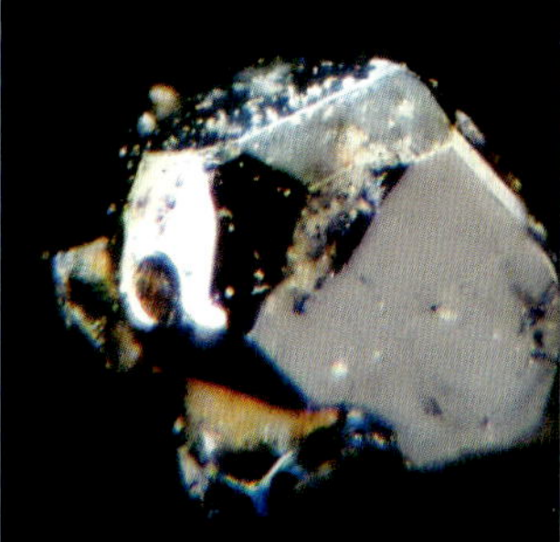

砂鉄
（磁鉄鉱、チタン鉄鉱など）

◉撮影機材：Celestron 44341
◉照明方法：落射照明
◉画像処理：深度合成11枚

磁石を持って歩こう

砂鉄とは、鉄を大量に含む鉱物が“砂粒”になったものです。そのほとんどは、黒っぽい色をした不定形の砂粒ですが……、良く探すと4面体あるいは8面体の独特な結晶の形を残す磁鉄鉱が見つかります。また、鉄以外の金属元素を含むこともあり、その場合は結晶の形も変化します（大写真の右下はチタン鉄鉱）。球形をしたものは、溶接時に飛び散った破片がほとんどですが、もしかしたら流星の燃え残りかもしれません。

黒っぽく見える砂浜には砂鉄分が多く、日本ではこれらの砂鉄を、日本刀の材料である玉鋼の原料として古くから利用してきました。

磁石をポリ袋に入れ、公園の砂場で砂鉄を収集。良く洗って乾かしたあとに観察しました。

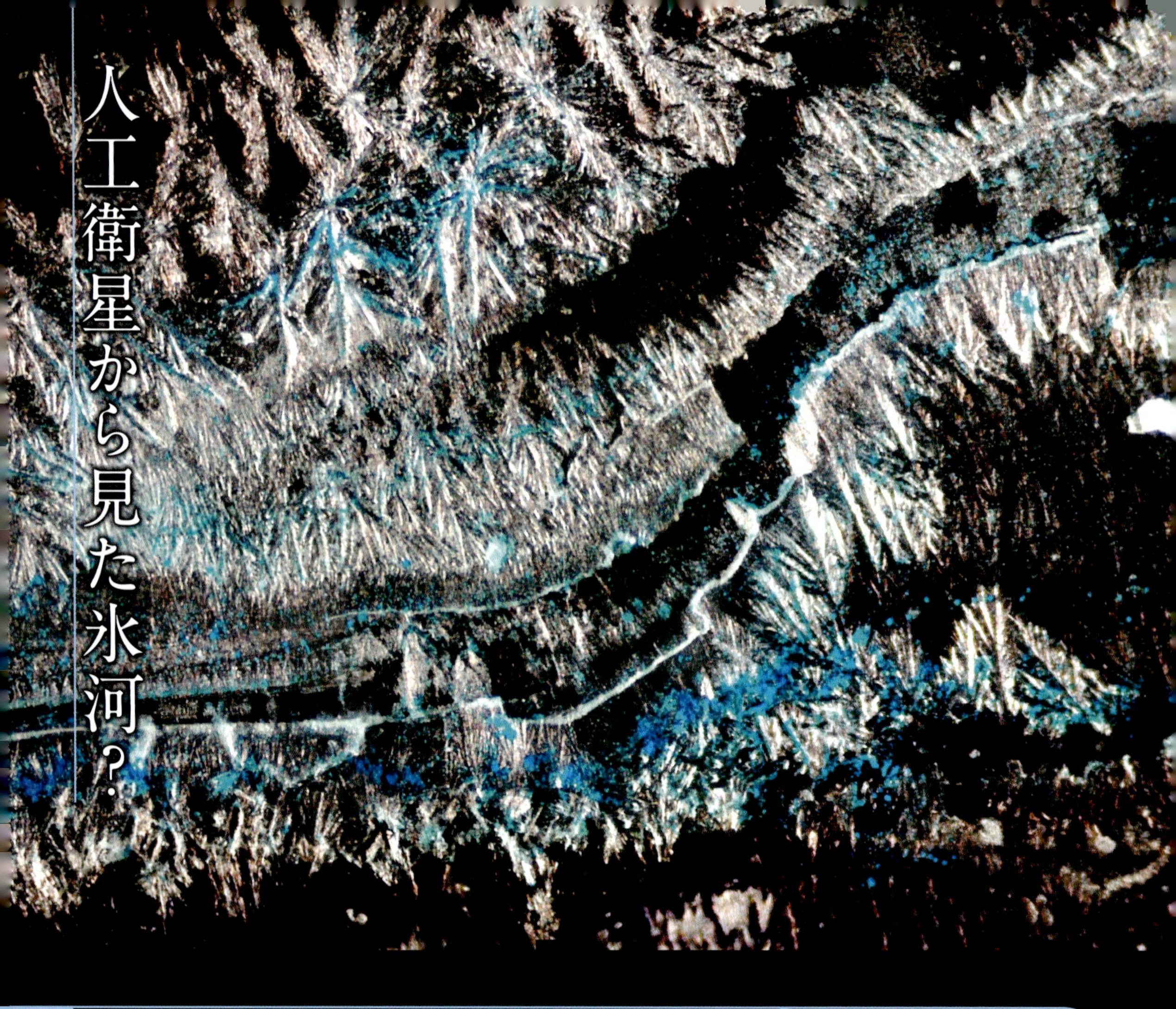

人工衛星から見た氷河？

入浴剤
（ミョウバン、その他）

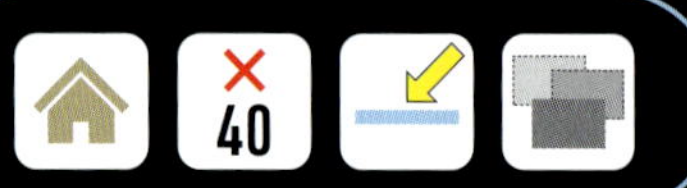

◉撮影機材：Celestron 44341
◉照明方法：落射照明
◉画像処理：パノラマ合成２枚

スライドグラスに謎惑星！

お風呂の湯に溶かし入れ、色や香り、薬剤の効果などを楽しむ入浴剤、さまざまな商品が売られていて、成分も千差万別です。入浴時には、ほぼ全身の肌に直接触れるのですから、私たちの最も身近な存在とも言えるでしょう。

某温泉の雰囲気を模した入浴剤を顕微鏡で見てみると、そこに広がっていたのは、まるで宇宙探査機が送ってきた、はるか彼方の惑星のようでした……というのは冗談にしても、驚くべき未知の世界を垣間見ることができたのです。お風呂につかりながら、宇宙観光の気分にひたれるのですからお得感は計り知れません。

お湯に入れる前の入浴剤粉末を透過光で観察。透明な美しい小粒でした。

入っているのは重曹やミョウバン？

市販の入浴剤によく使われるのは、炭酸水素ナトリウム（重曹）や炭酸カルシウム、ミョウバン、食塩（塩化ナトリウム）など、水に良く溶けてイオンになるものです。また、天然温泉のミネラル成分を再現するためのカリウムやマグネシウムのほか、重曹と反応して二酸化炭素の泡を出すための酸（リンゴ酸やコハク酸）、お湯に色を付ける色素（食用色素）、にごり湯を再現するために酸化チタンの微粉末、香料なども加えられています。それらが混ざり合い、予想の付かない複雑な結晶模様を描きます。乾燥中は、溶け込んでいる物質によって結晶になる速度が異なります。いろいろな結晶が層になるのも楽しみましょう。

落射照明にすると、着色料によって色付いた粒と、透明な結晶状の粒が混ざっているのがわかります。

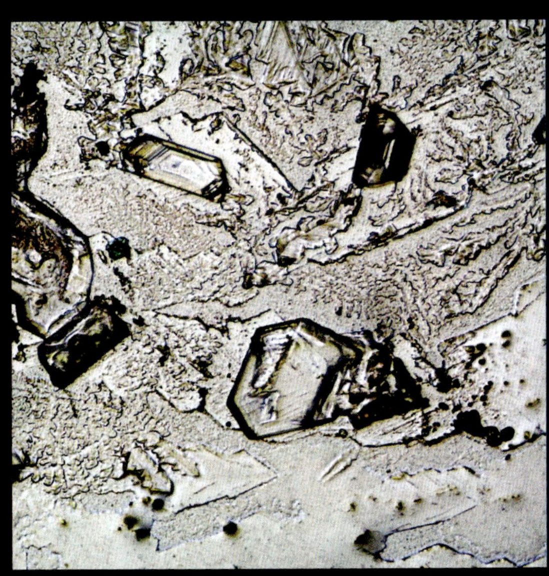

今回観察した入浴剤には、ミョウバンが含まれています。粉末を水に溶かして乾燥させ、透過照明（左）と落射照明（右）で観察すると、ミョウバン特有の六角形の結晶が見えました。

パッケージ裏などにある成分リストには、多いものから順に書かれます。それらが乾燥過程で結晶化しながら集まっていきます。

ミョウバンの結晶（32ページ）にも見られた直交模様などが見られます。

色素や酸化チタン微粉末がとり込まれて、立体的な大き目の結晶ができました。

火星探査で話題になった人面岩のような模様を発見！

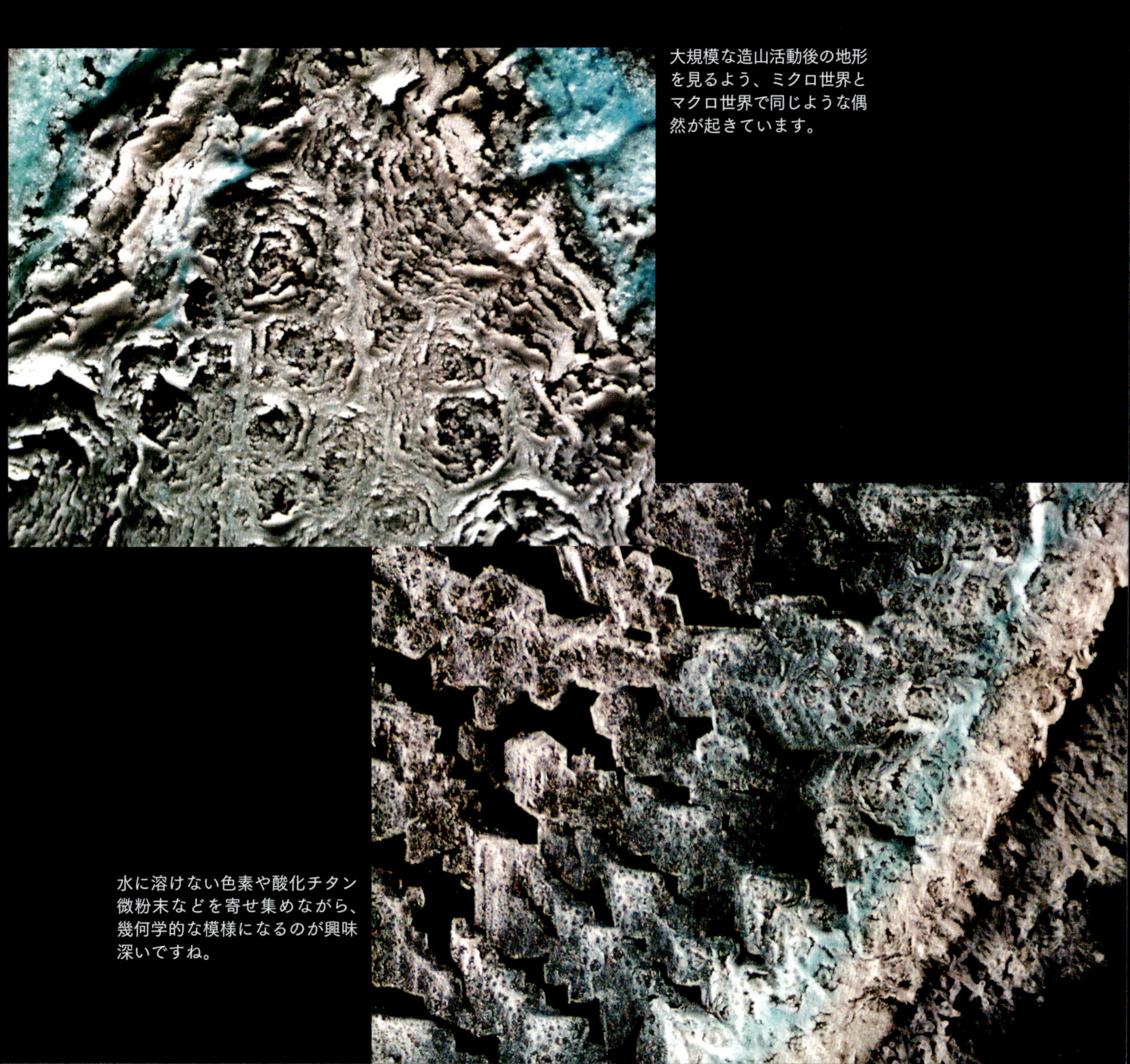

大規模な造山活動後の地形を見るよう、ミクロ世界とマクロ世界で同じような偶然が起きています。

水に溶けない色素や酸化チタン微粉末などを寄せ集めながら、幾何学的な模様になるのが興味深いですね。

虹色の海藻

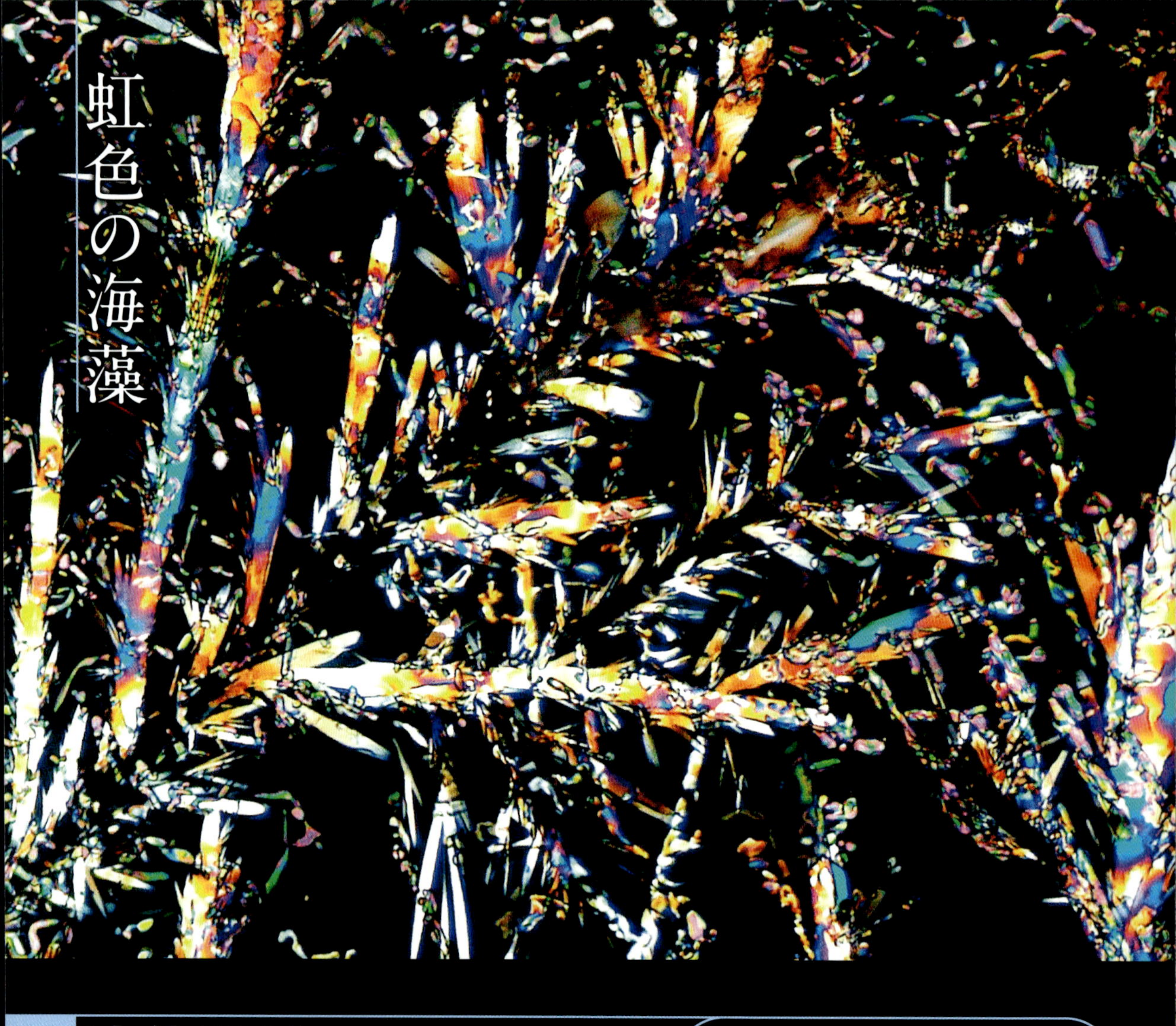

液体肥料
（チッ素、リン酸、カリウムなど）

◉撮影機材：Celestron 44341
◉照明方法：透過照明＋偏光
◉画像処理：なし

植物の三大栄養素をバランスよく

植物の成長には、光合成に欠かせない日光（と二酸化炭素、水）のほかにも、根から吸収する栄養が必要です。葉や茎を作るのにチッ素化合物、花や実を大きくするのにリン酸、根を伸ばすためにはカリウムが欠かせません。

しかし、特に鉢植えの園芸植物は土の容量が限られるため、植物の三大栄養素とされるチッ素・リン酸、カリウムが不足しがちです。それを補う目的で作られたのが液体肥料です。中でもリン酸の化合物（肥料液の中ではリン酸カリウムやリン酸マグネシウム）は結晶になりやすいため顕微鏡で観察するのに最適でしょう。

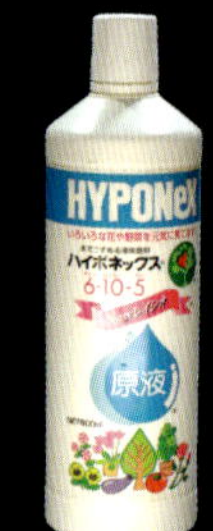

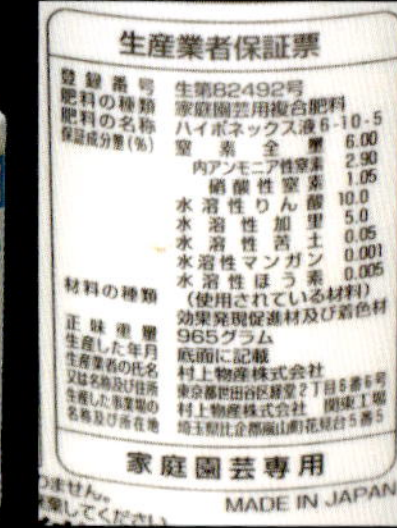

リン酸が多めのものを使っています。

結晶観察がやめられない！

ここでは液体肥料の原液タイプを水で5～10倍に薄めたものを使いました。液体肥料の本来の使い方は、水で250～1000倍に薄めて植物の根元の土にまくのですが、それだと結晶が大きくならずに観察しにくいからです。

リン酸は斜方晶系の結晶ですが、濃度や周囲にある他の物質の影響を受けてさまざまな形になります。ついつい条件を変えていろいろ試したくなるのです！　リン酸化合物の結晶には、偏光性もあるので簡易偏光顕微鏡で観察するのも楽しいでしょう。

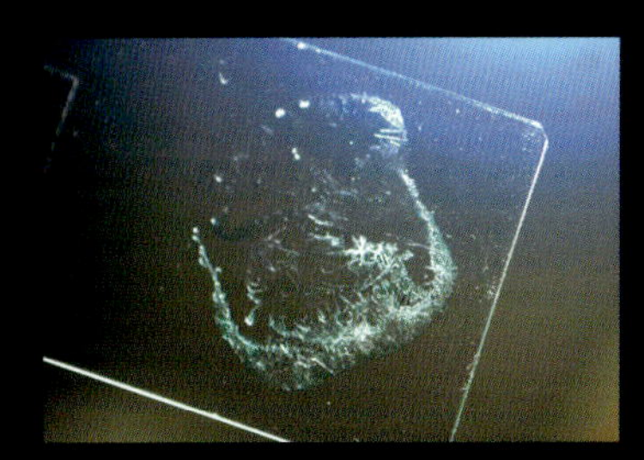

原液のままだと粘り気があって乾きにくいため、10倍程度に薄めたものを自然乾燥させました。

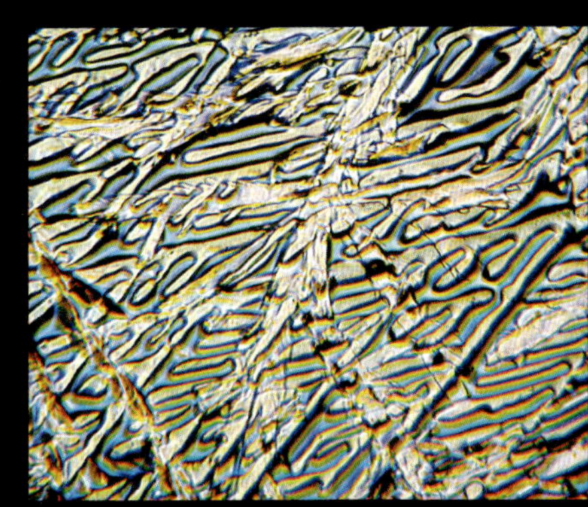

偏光フィルムをつかって簡易偏光顕微鏡にすると（左）、結晶の成長方向が見やすくなりました（右）。

細長い槍先のような結晶が、直線的に成長し、どんどん伸びていきます。

幾何学的なパターンを示す結晶（上４枚）、競い合うように伸びる結晶（下２枚）、結晶が枝分かれするときの角度が決まっているので、数学的な美しさがあります。

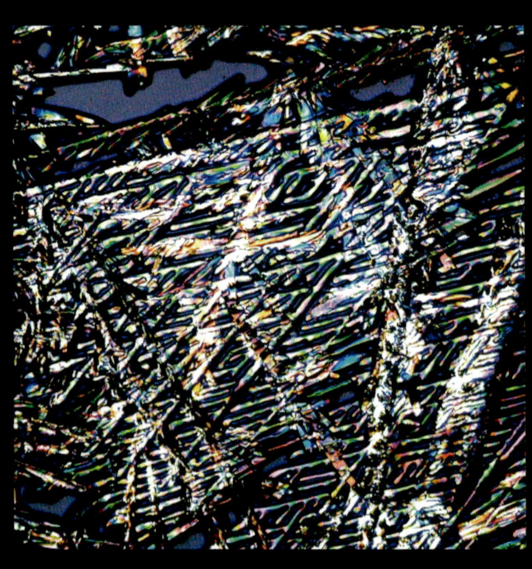

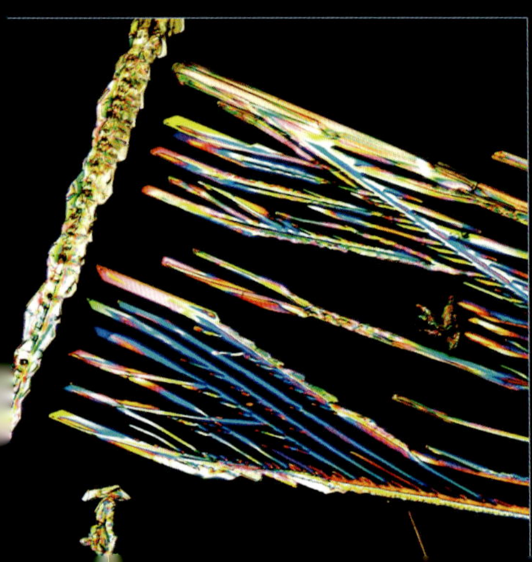

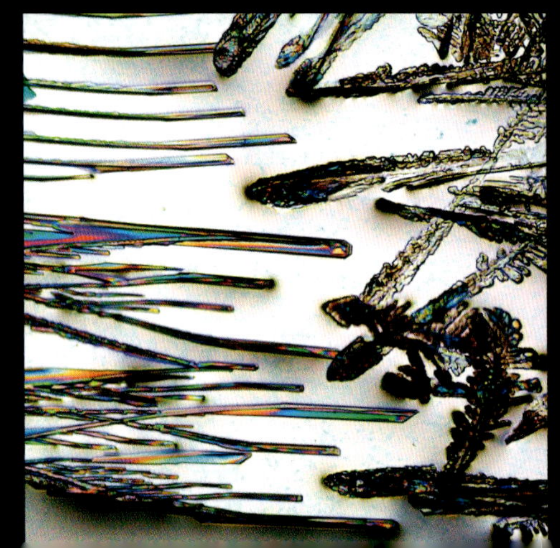

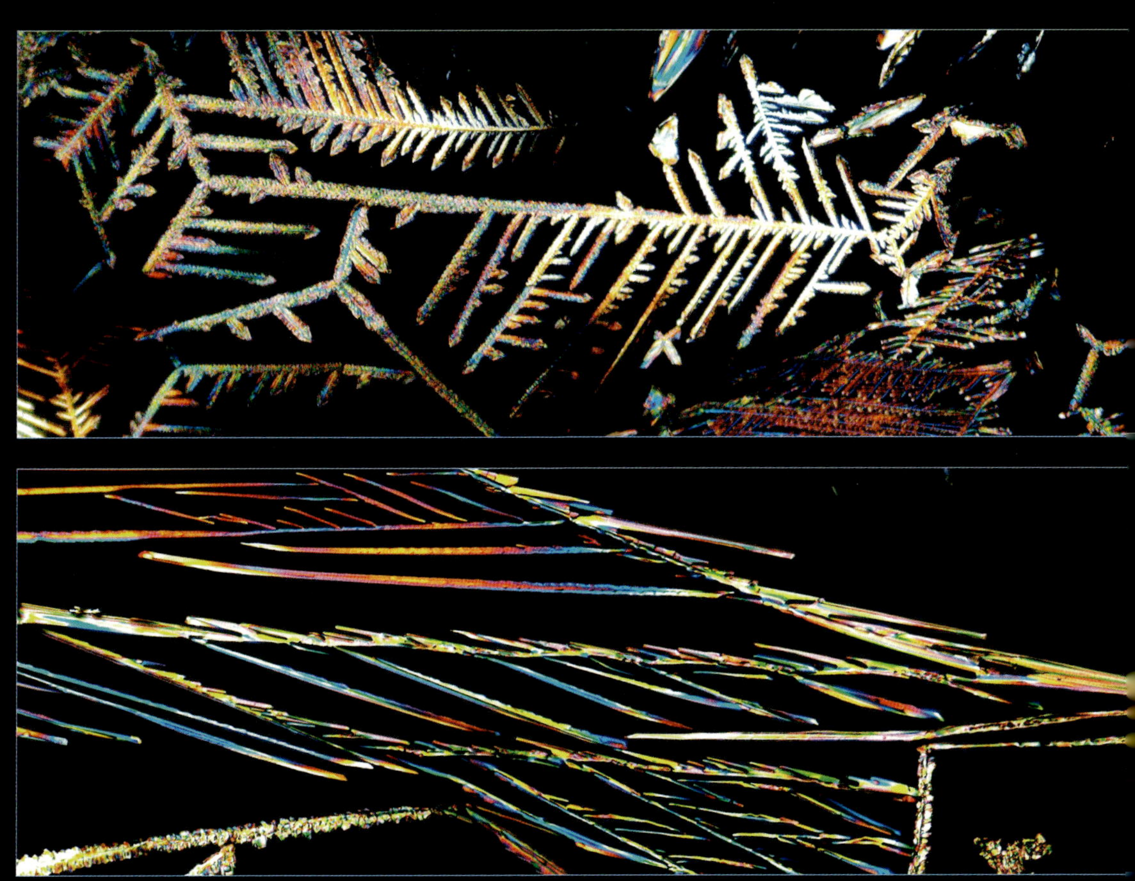

40倍で観察しつつ、スライドグラスを横方向に動かしながら数カットを連続撮影し、あとでパノラマ合成しました。
結晶は分岐しながらどこまでも伸びていきます。

100倍で観察。乾燥すると結晶内部の構造が変化するのか、偏光での見え方が急変します。その変化の様子を動画で記録するのも良いでしょう。

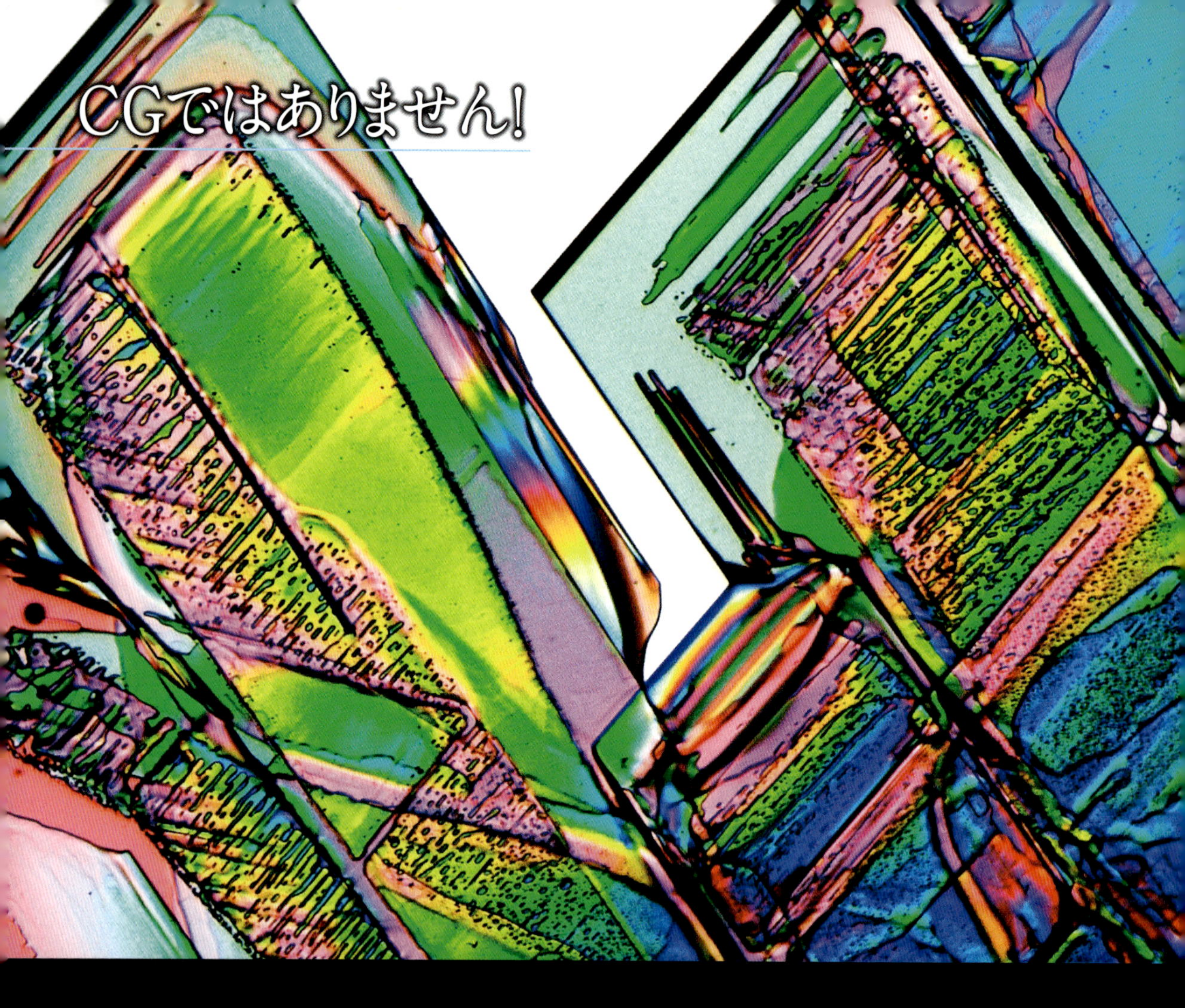

カルキ抜き
（チオ硫酸ナトリウム）

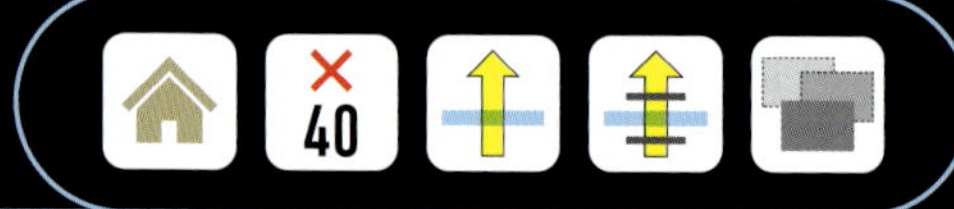

◉撮影機材：Celestron 44341
◉照明方法：透過照明＋偏光
◉画像処理：パノラマ合成2枚

カルキ抜き（ハイポ）って何？

金魚などの淡水魚を飼うときに水道水を使うと、殺菌消毒のため水道水に加えられているカルキ（塩素あるいはモノクロラミン）が水生の生き物に害をなすため、それらを分解中和する目的で「チオ硫酸ナトリウム」を使います。一般的には“ハイポ”や“カルキ抜き”といった商品名で少量パックが売られています。

ハイポそのものが、大きさ3～5mmの押しつぶされたような多角形柱の結晶で、正確には「チオ硫酸ナトリウム・五水和物」といい、水分子を含んだ構造で結晶になっています。上は簡易偏光顕微鏡で撮ったそのままの写真です。

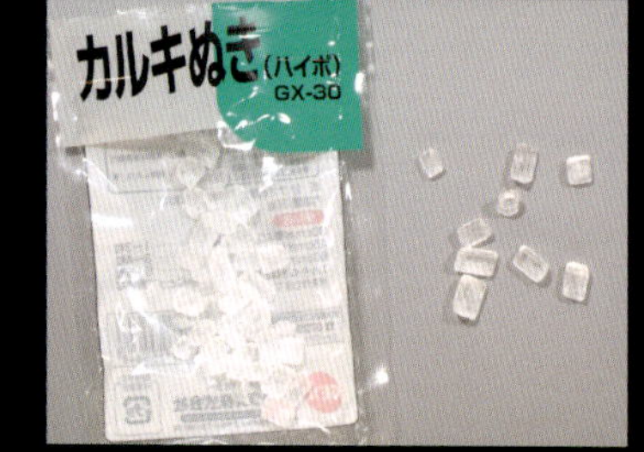

チオ硫酸ナトリウムは、3～5mmの無色透明な小結晶として売られています

取り扱いには少し注意

ハイポは、水よりお湯に良く溶けますが（約50℃以上では水がなくても結晶そのものが溶けます）、水溶液が冷えても過飽和という現象によって結晶ができにくいことがあります。そんなときは、ハイポの小さな粒（結晶の破片）を水溶液に落としてみましょう。結晶の核があると、そこから急速に結晶が成長します。

なお、ハイポの結晶を観察し終わったら、すぐにスライドグラスを水道水でよく洗っておきましょう。チオ硫酸ナトリウムと酸性の液体が反応すると、ほんの少量ですが有毒な二酸化硫黄（亜硫酸ガス）が発生*するからです。

*スライドグラスの上で反応するぐらいの量では、ほとんど問題ありませんが、念のため。

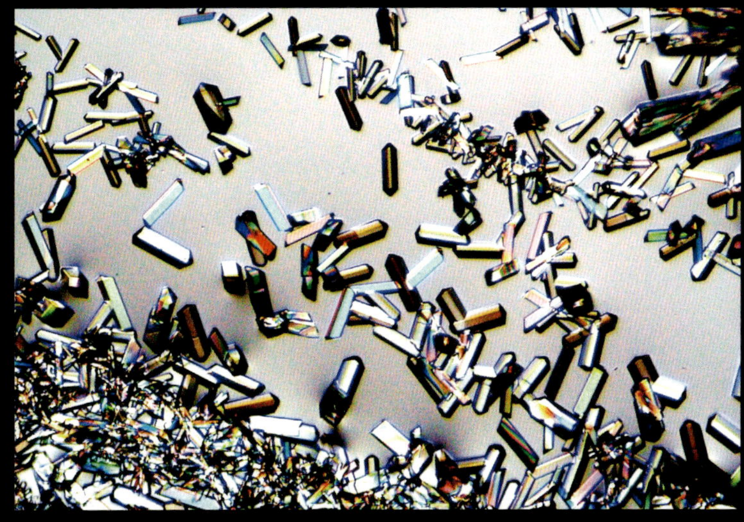

スライドグラスの上にハイポを一粒置き、そこに3～4滴の湯を垂らして溶かし、乾燥させると小さな結晶がたくさん出てきました。

カルキ抜きとして使うなら、小さめの一粒で10リットル以上の水道水の塩素分を中和できます。少量で足りるため、数百粒入りのパックが100円ショップなどでも売られています。

棒状に伸びる結晶、簡易偏光顕微鏡（63ページ）で見ると、それぞれの結晶に色がついて見えます。

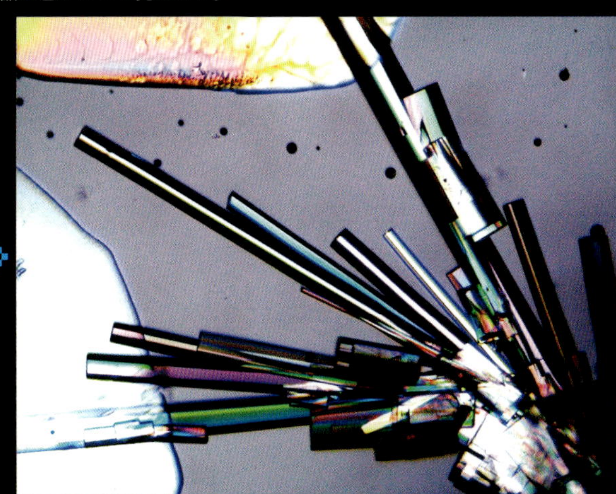

一方向（写真の右上から左下へ）に、急に成長したため、結晶同士がくっついています。

透過照明（＋偏光）に落射照明を加えたもの。横から光を当てることで陰影ができ、立体的に見えます。

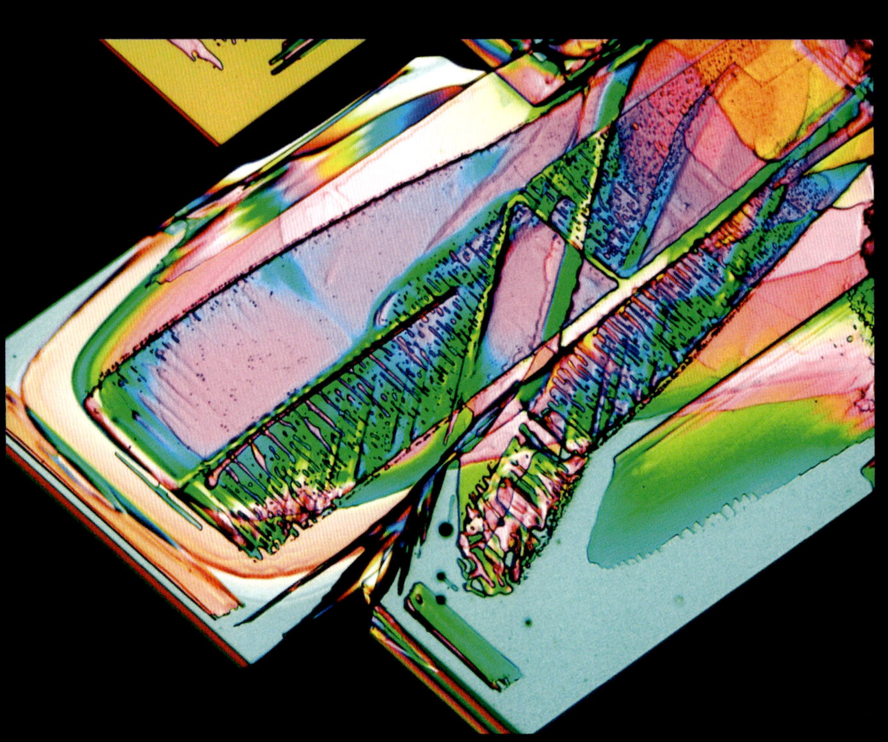

均一に見えても、偏光で観察すると結晶内部の様子がわかります。

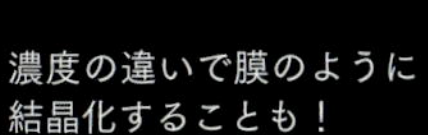
濃度の違いで膜のように
結晶化することも！

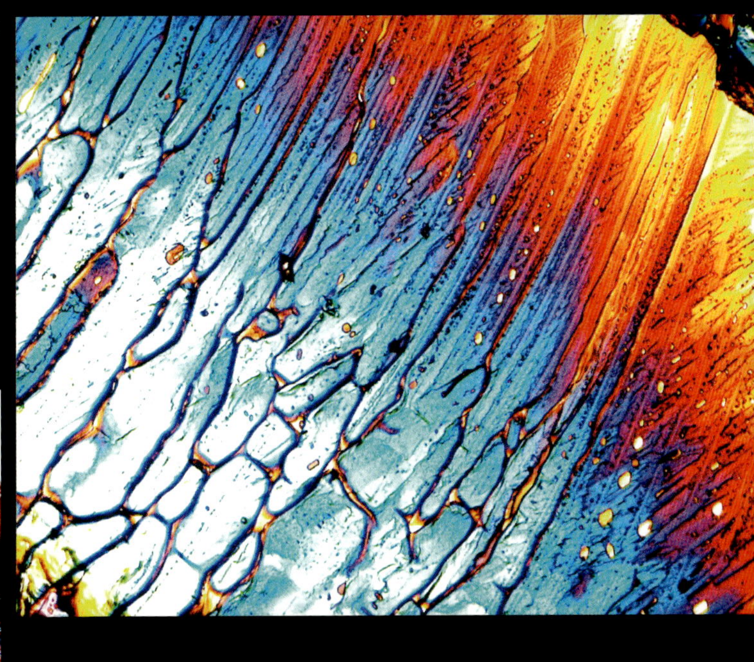

透過照明と落射照明を同時に
使うと、結晶表面の様子も見
られます。

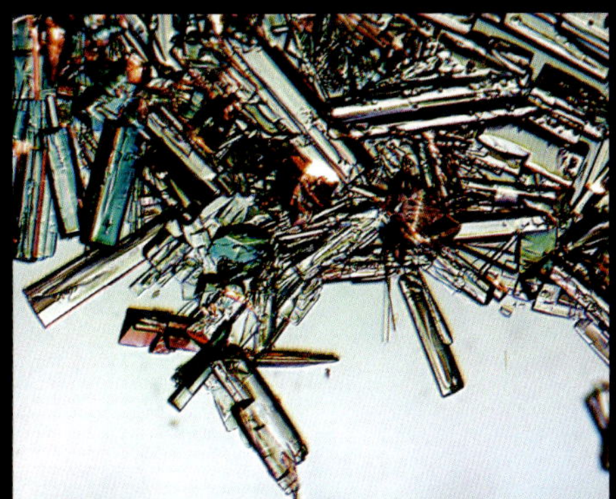

偏光フィルタ１枚だけで観察・
撮影したもの。厚みのある部
分に色がつきます。

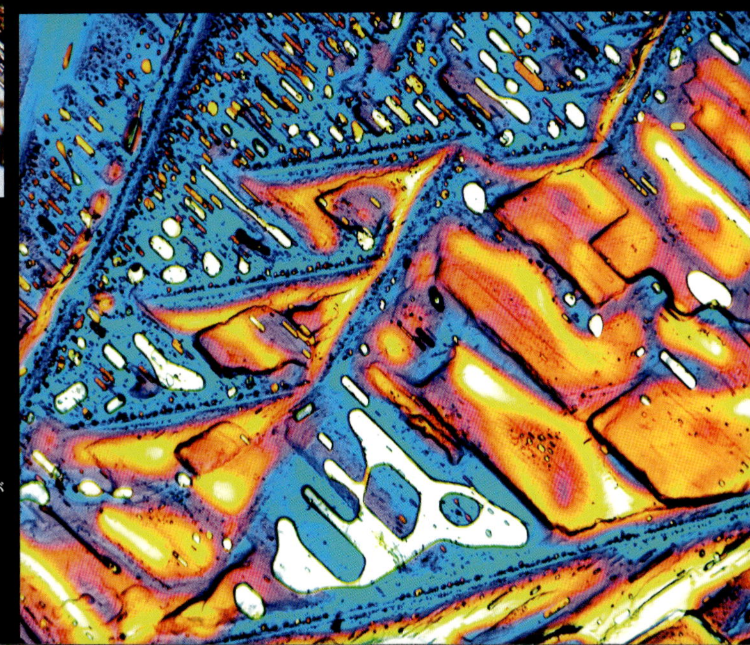

条件が整えば、幾何学的に結晶が
成長することもあります。

Column 暗いものを明るく

落射照明を強化する

顕微鏡の照明装置も、従来の反射鏡や豆電球などからLED（発光ダイオード）に代わりました。省スペースのLED照明になったことで、観察対象を上から照らす「落射（らくしゃ）照明」を備える顕微鏡も登場し、反射光での観察が気軽に行えるようになったのです。

しかし、標準装備の落射照明だけでは暗いこともあります。特に撮影を考えると十分な光量がほしいですね。そこで追加したいのが「フレキシブルLEDライト」です。ノートパソコン用などUSB電源で動くものが多く、面発光のハイパワーのものからLED一灯の低コストのものまで各種そろっています。フレキシブルアームにより自由に動かせますし、基本的には熱を発しない照明なので標本に近づけられます。

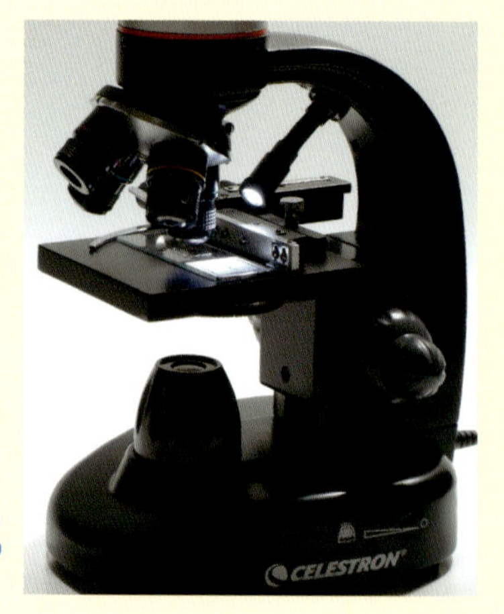

標準装備の落射照明を点灯。明るさは調整できますがLED一灯のやや暗い照明です。

◉フレキシブルライトが便利

各種フレキシブルLEDライト。USBバッテリーで駆動するので携帯も可。100円均一ショップなどにもあります。

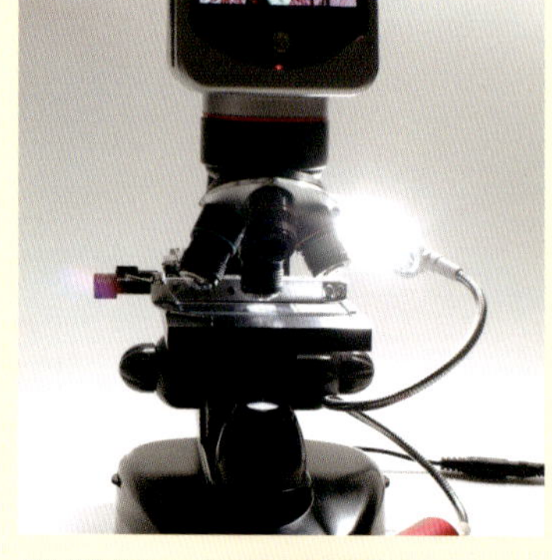

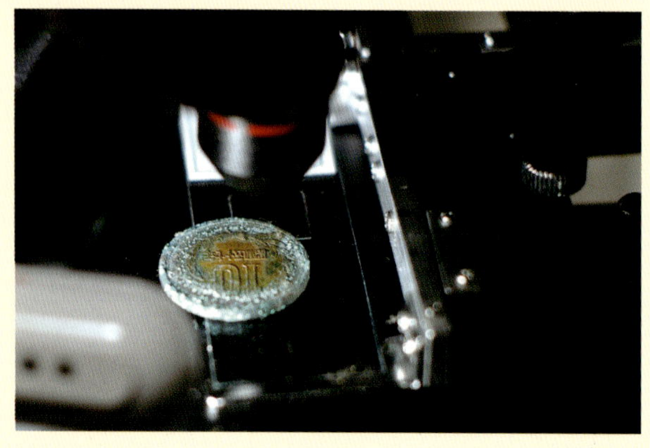

面発光のLEDライトで10円硬貨を照らしている状態（78ページ参照）。本書もLEDライトを多用しています。

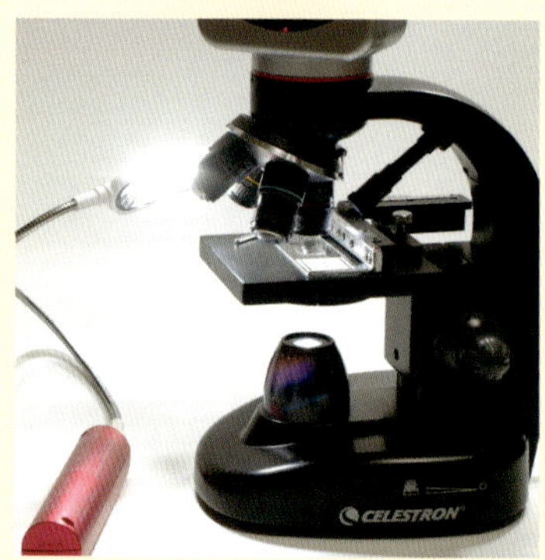

右から照らすのも左から照らすのも自在なのがフレキシブルLEDライトの利点。ぜひとも使いこなしましょう。

Column 透明を見やすく

簡易偏光観察のススメ

「偏光顕微鏡」は、もともと地学分野で発展したものでした。岩石を構成する鉱物の種類や結晶状態などを調べるため、光の波の振動方向である「偏光（へんこう）」という性質を利用したのです。光を通すほど薄く加工した岩石標本を、偏光板を通した透過光で観察する手法です。

この方法は、偏光の性質がある結晶などを見るのにも使えます。特に無色透明な結晶は、結晶の厚みや成長方向などの違いが、虹の色にも似た七色（偏光の干渉色）になり現れます。本書では、28ページのショ糖（右写真）、54ページの液体肥料などの結晶を偏光観察していますが、その美しさに見蕩れるものです。偏光フィルム（偏光シート）が手に入ったら試してみましょう。顕微鏡観察の楽しさが倍増します！

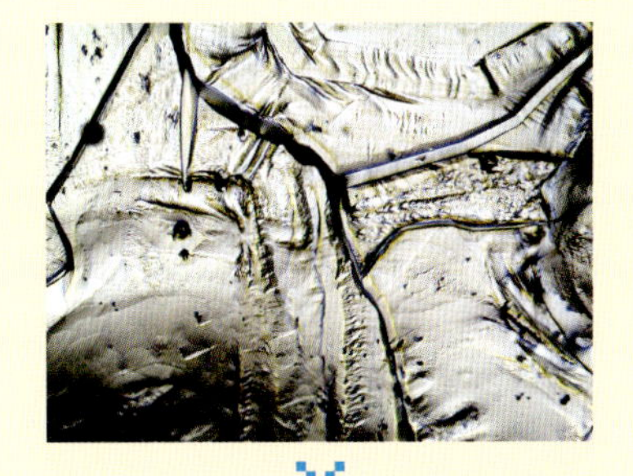

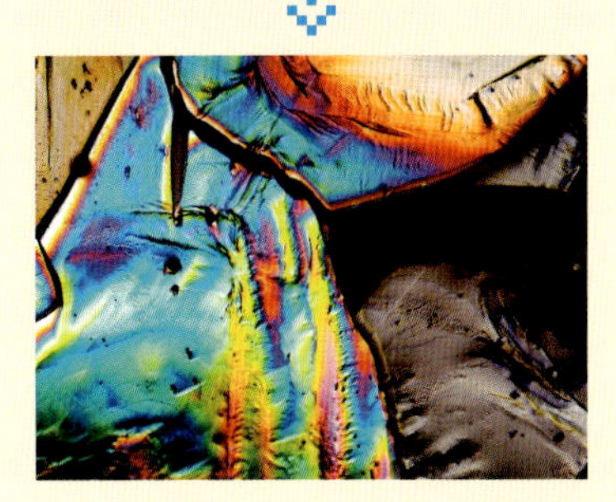

ひび割れたガラス？　にしかみえないショ糖の結晶も、偏光観察では艶やかな抽象画に見えます。

◉用意するもの：偏光フィルム

偏光フィルム（樹脂製シート）は理科教材用のものが通販で購入できるでしょう。ここでは、壊れた液晶パネルから剥がしたものを再利用しましたが、3D映画用のフィルムメガネなども使えます。

3cm角ぐらいの大きさの偏光フィルムが2枚必要です（切り取ってもかまいません）。偏光フィルムは灰色の透明なシートですが、2枚を重ねて角度を変えると、透過する光の量（灰色の濃さ）が変わります。

◉偏光フィルムをセット

顕微鏡の偏光観察では、観察対象（標本）を挟むように2枚の偏光フィルムを使います。具体的には、光源→偏光フィルム→標本→偏光フィルム→対物レンズ（カメラ）ということになります。さらに言えば、1枚目は透過照明装置の上、2枚目はプレパラートの上にそっと乗せれば完了。偏光フィルムを通すと暗くなるので、透過照明を明るくしておきましょう。

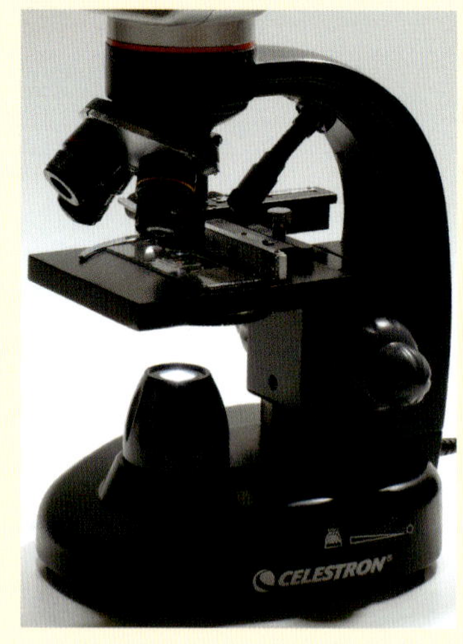

偏光観察では透過光を使うため、透過照明を点けます。

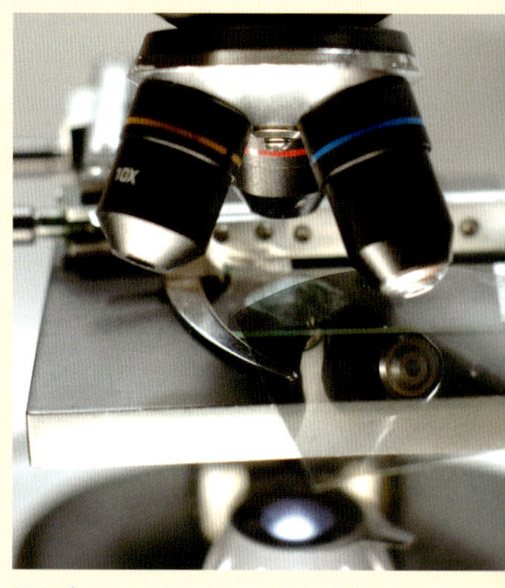

標本（スライドガラス上の液体や結晶）に触れないように気をつけましょう。

1枚目の偏光フィルムを透過照明の上に置くと、偏光特性のある標本には少し色が付きます。

2枚目の偏光フィルムを、標本の上に置きます。これだけで簡易偏光顕微鏡の完成！

◉最適な位置を探す

偏光フィルムを使っていない状態。色が付くとは思えません。

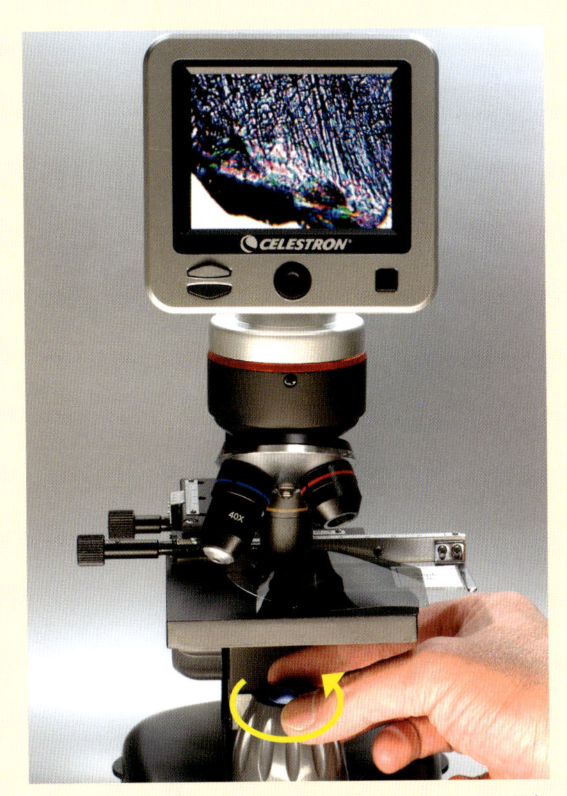

この状態で透過照明の上に置いた偏光フィルムをゆっくり回転させると、右の写真のように着色部分や色が角度によって変わります。一番、きれいに見える角度に合わせましょう。

PART 2

身のまわりの興味深い

「驚きの世界」

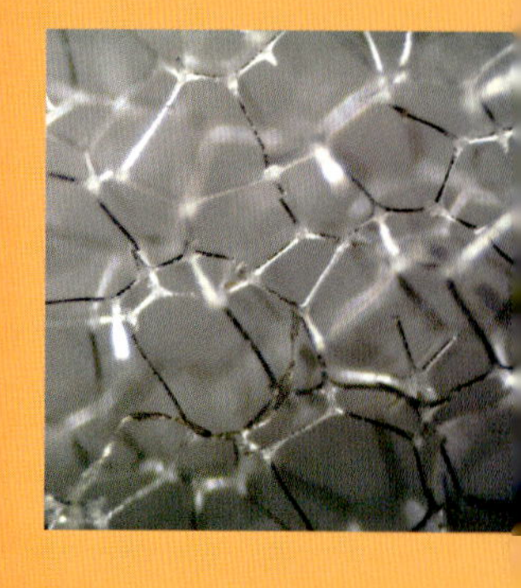

- メラミンスポンジ
- シリカゲル
- 歯ブラシの毛先
- 筆記具（ボールペン）の先端
- 一万円札ホログラム
- 五円硬貨の表面
- 十円硬貨の緑青
- 五百円硬貨
- 半導体素子（CCD）
- ブリキ（スズメッキ鋼板）
- カラープリンター印刷物
- インスタントコーヒー顆粒
- アオカビの仲間

驚きの快感、こうなっているのか！

身のまわりの日用品

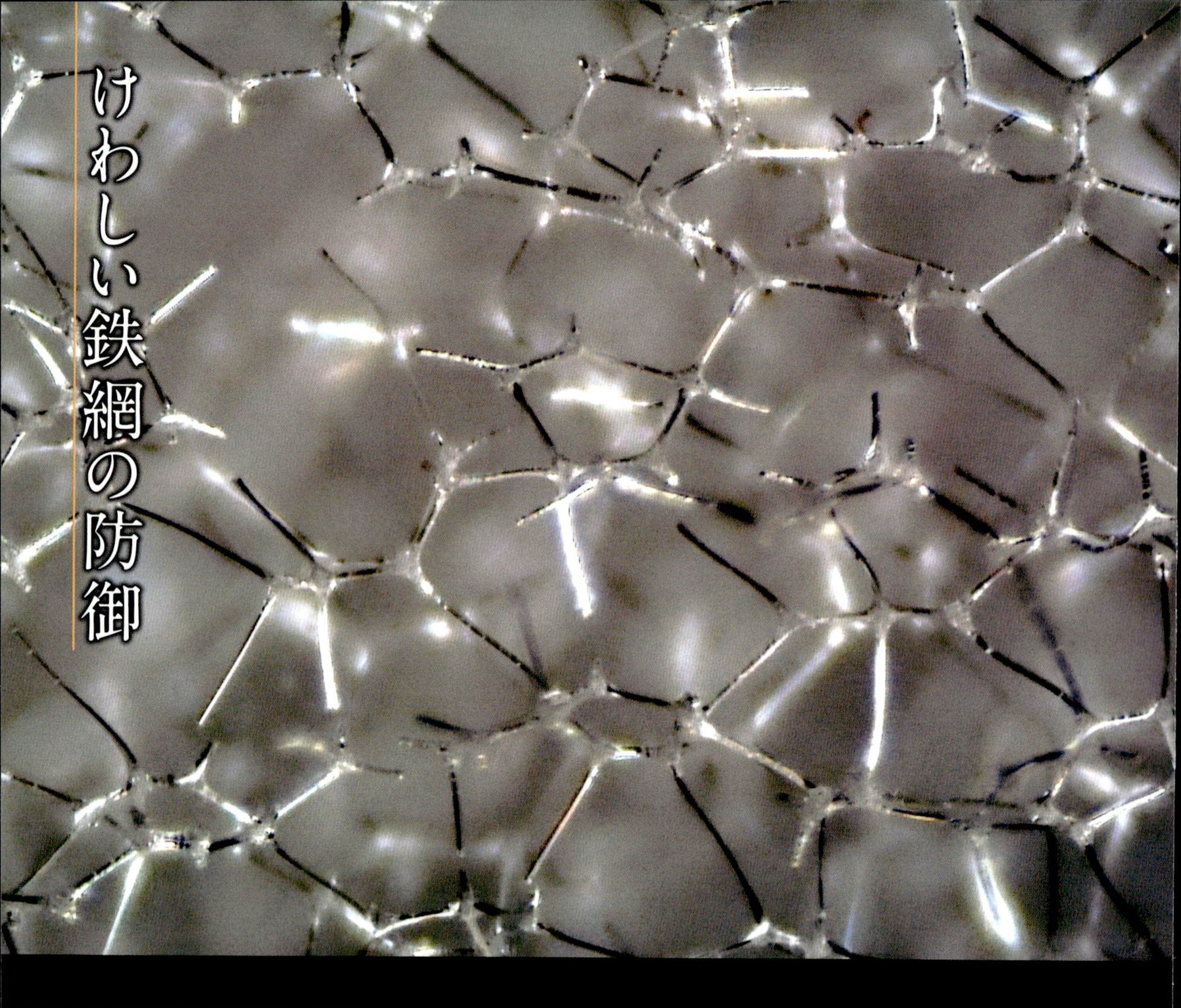

メラミンスポンジ

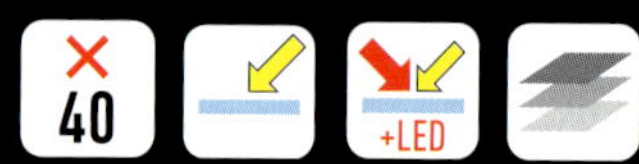

◉撮影機材：Celestron 44341
◉照明方法：落射照明＋LED
◉画像処理：深度合成 5枚

便利なお掃除グッズ

光のあたり具合や反射の様子などから、金属製の強固なネットのように見えます。しかし、その正体は一種のプラスチックといえるメラミン樹脂です。上の写真は、主にキッチンで茶シブや水アカ、コゲなどを除去するのに使われる「メラミン・スポンジ」の表面なのです。

メラミン・スポンジは、液体のメラミン樹脂を細かく泡立たせ、その状態のまま熱を加えて固まらせたものです。写真を良く見ると、泡の膜面が交わるところが細い樹脂になっているのがわかるでしょう。金属のアルミニウムより硬いので使う場所には要注意です。

未使用のメラミン・スポンジ小片を見てみました。観察後は掃除に使えます。

普通のスポンジとどこが違う？

スライドグラスの上にメラミン・スポンジの小さな破片を乗せれば、下の写真のように細部の様子がすぐに観察できます。普段、使っていて見慣れたものでも、倍率を変えるだけで驚きの光景になる良い例ですね。

右下の普通のスポンジ（ポリウレタン・スポンジ）と比べると、メラミン・スポンジのほうが細かく尖ったところが多いのがわかるでしょう。汚れを削り取りやすいのはこのためです。

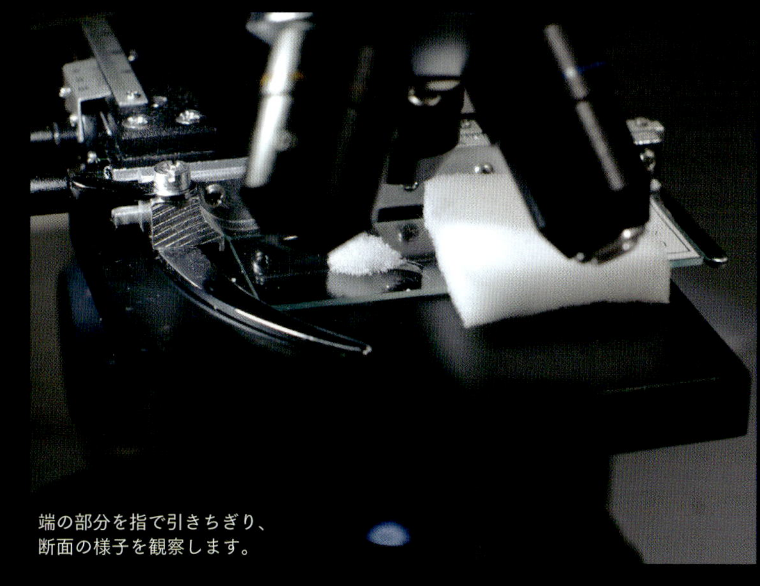

端の部分を指で引きちぎり、断面の様子を観察します。

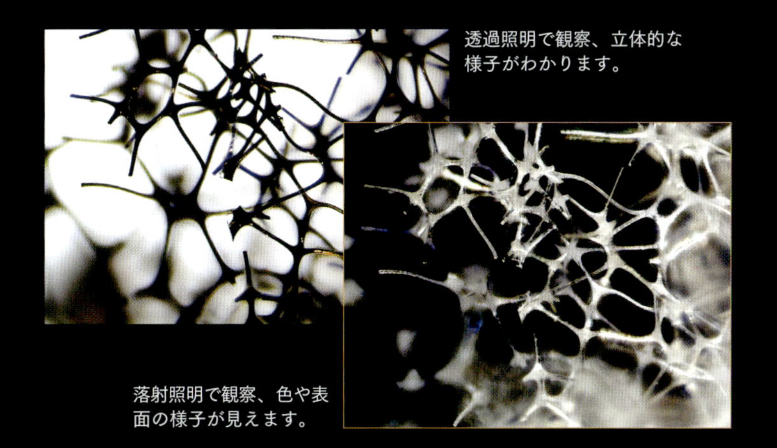

透過照明で観察、立体的な様子がわかります。

落射照明で観察、色や表面の様子が見えます。

透過＋落射照明で観察、光源の違いで色が着くので見やすくなりました。

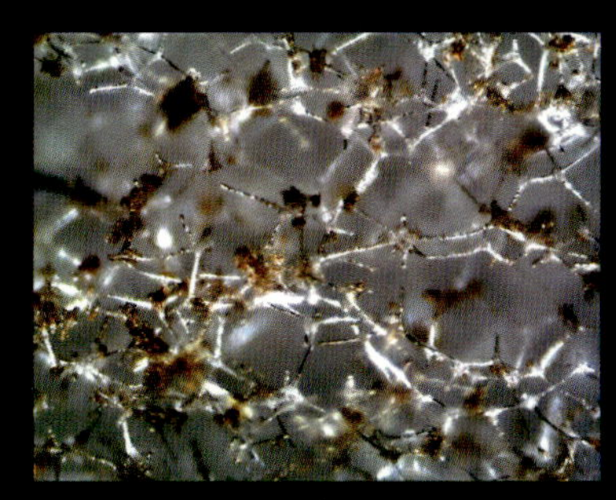

汚れたアルミの鍋を擦ったもの、コゲ汚れが削られ、隙間にかき取られています。

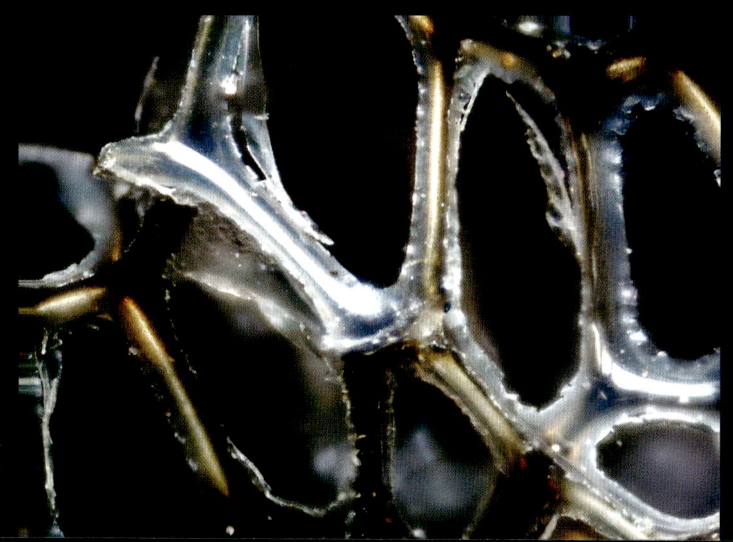

普通のポリウレタン・スポンジ。やわらかく太い樹脂が大きな網目を作っています。

氷惑星への探査!?

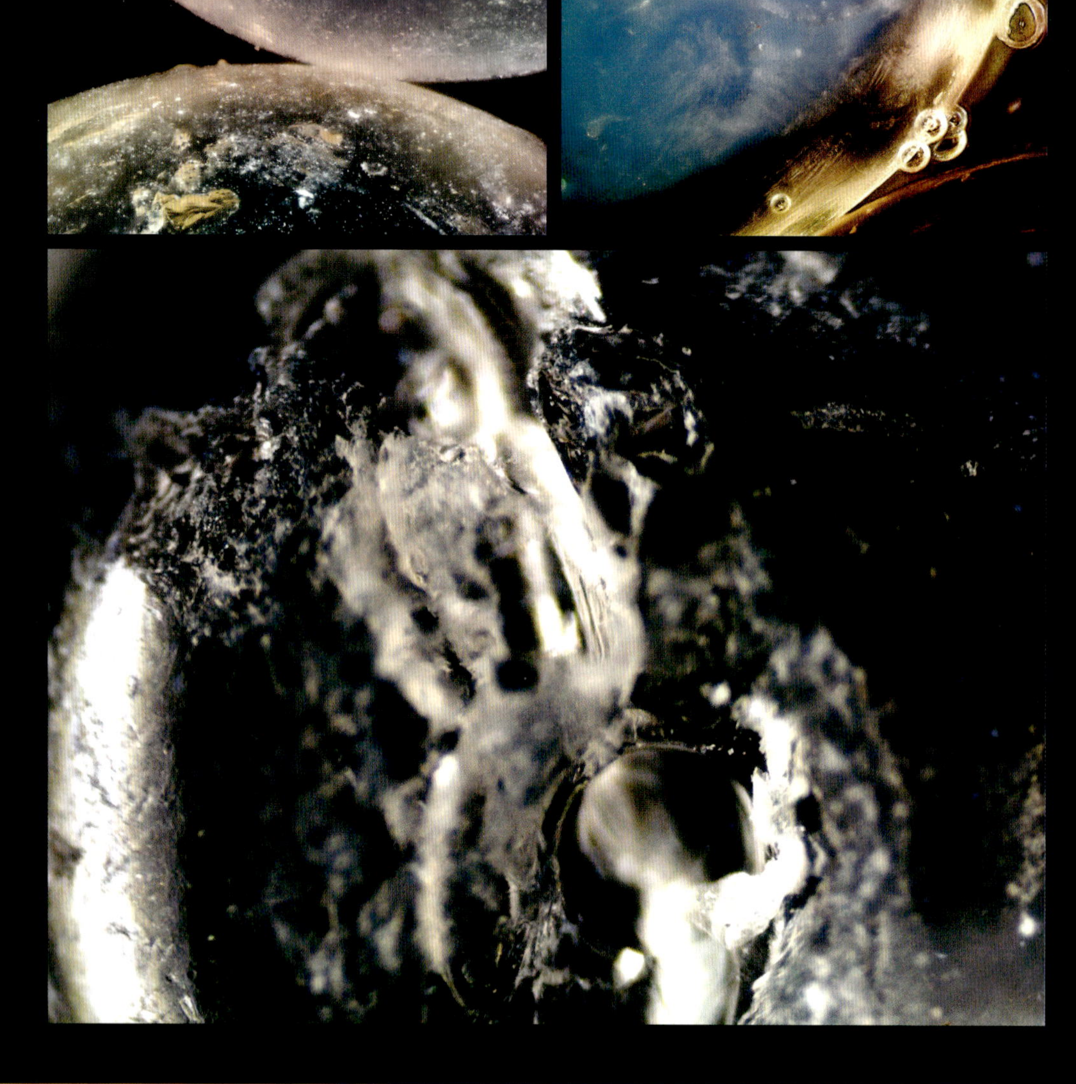

シリカゲル

◉撮影機材：Celestron 44341
◉照明方法：落射照明＋LED
◉画像処理：深度合成３枚

成分は石英や水晶と同じ

お菓子などの食品、湿気をきらう精密機器や電子機器などに乾燥剤として入れられるシリカゲル。シリカは二酸化ケイ素のことで、これが結晶化したものが水晶と呼ばれる岩石です。

シリカゲルはシリカに水分子を結合させ、ゲル化（固体のように硬くなった）させたもので、無色透明で直径数mmの小さな球体をしています。製法の関係から顕微鏡でも見えないほどの非常に細かなたくさんの穴が開いていて、その穴に空気中の水分（水蒸気・水分子）を吸着するため、乾燥剤として使われているのです。なお、加熱乾燥させて再利用も可能。

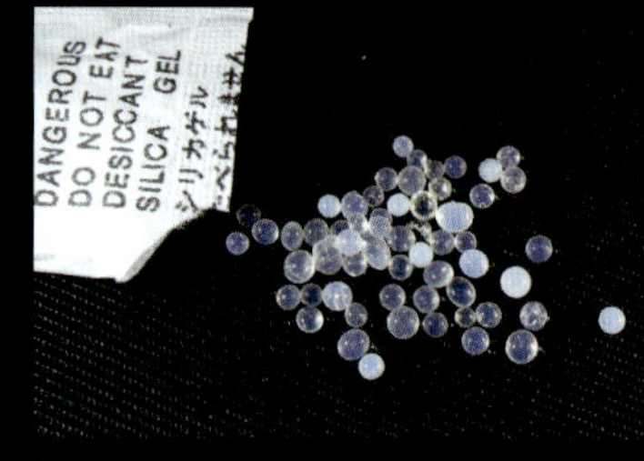

除湿・乾燥剤として使われるシリカゲルを見てみました。

未来の高層建築

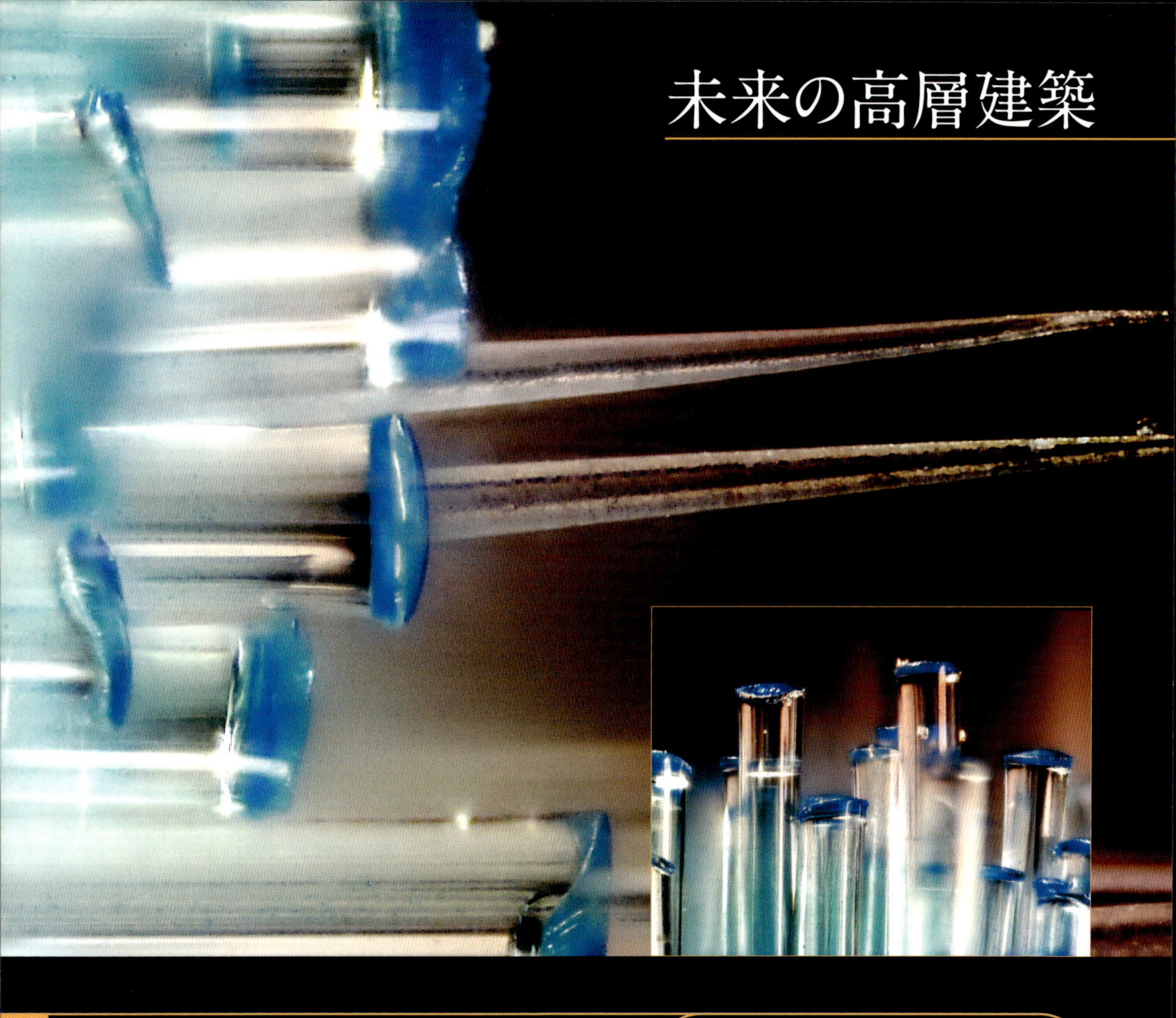

歯ブラシの毛先

◉撮影機材：Celestron 44341
◉照明方法：落射照明＋LED
◉画像処理：深度合成 8枚

二種類の毛先

歯ブラシ（もちろん未使用！）の毛先です。大手メーカーの“球と極細”という商品を見てみました。ラベルを見ると毛の材質は「ナイロン（青色）」と「飽和ポリエステル樹脂（無色透明）」の二種類でした。ナイロンには、180～250℃に加熱すると溶けるという性質があります。

毛先を部分的に加熱することで溶かして液体にし、表面張力で自然と球に整形させるのでしょう。しかし、ここで観察したものは球への整形がうまくいかなかったようですね……、使い心地も良くありませんでした。顕微鏡で観察しないとわからないものです。

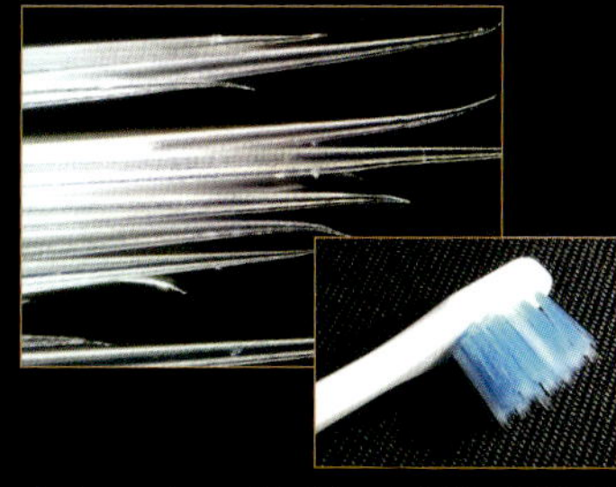

大手メーカーの歯ブラシを観察。極細毛は、うまく極細になっています。

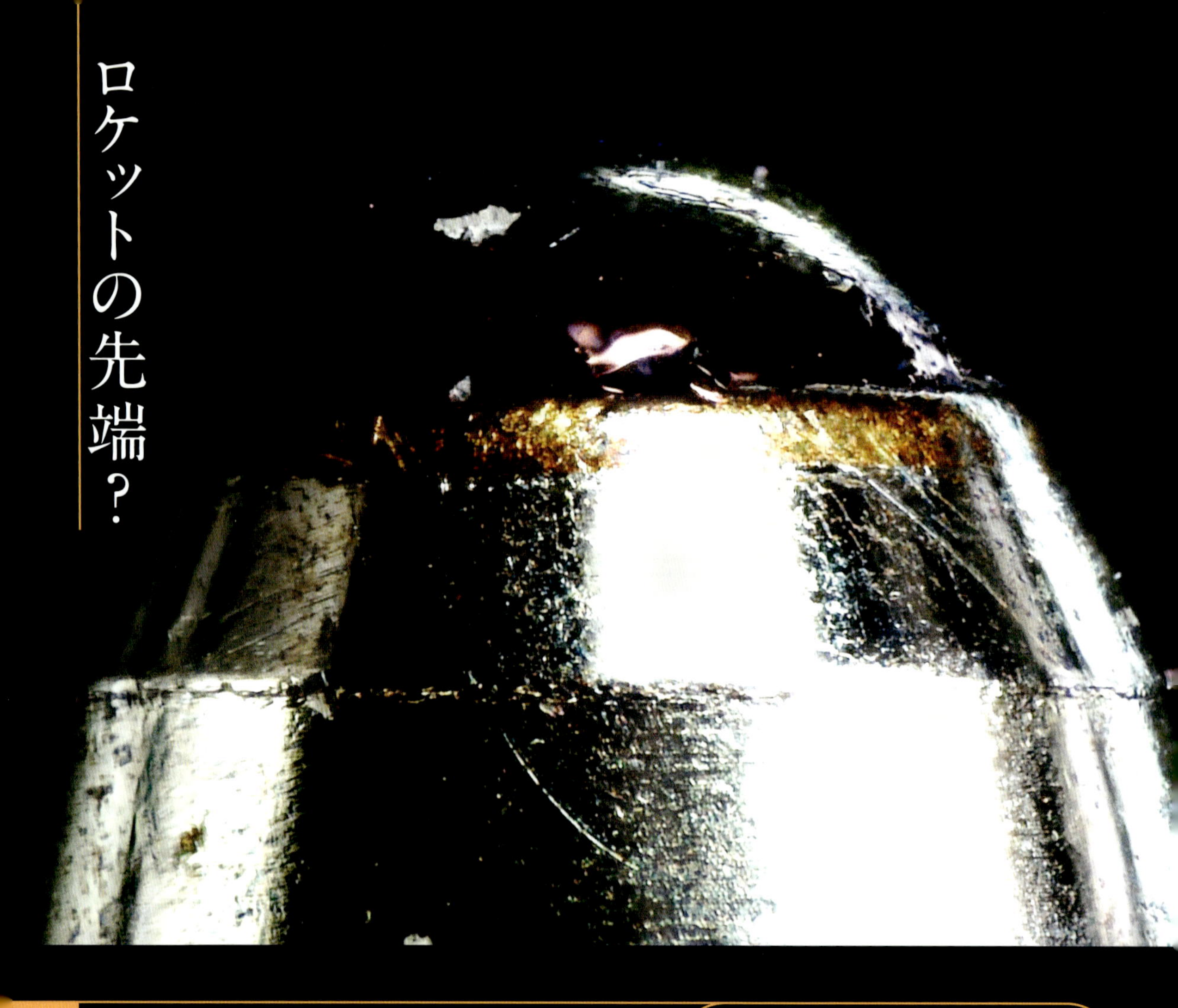

ロケットの先端?

筆記具(ボールペン)の先端

◉撮影機材：Celestron 44341
◉照明方法：落射照明＋LED
◉画像処理：深度合成 12枚

筆記具、使っていますか?

電子メールやＳＮＳなど、文字を介するコミュニケーションの頻度は増えました。しかし、文字を手で書く機会は減ったように思えます。近頃はあまり使われなくなってしまった筆記具に登場してもらいましょう。

油性インクのボールペン、水性インクのボールペン、サインペン、シャープペンシル、エンピツの先端を顕微鏡で観察・撮影してみました。なお、観察対象が立体物のため、ここに掲載した写真には、90ページで詳しく紹介している「深度合成」技術を使っています。また、金属光沢がよく見えるように照明も均質にしています。

大きな写真は直径0.5mmの金属球を使う油性インクの黒ボールペンです。換え芯だけを取り出して観察しました。

筆記具の個性

いつも使っている道具のことを、どのぐらい知っていますか？　ボールペンのインクが、金属球の表面をきれいに覆う原理、鉛筆の芯がちょうどよく紙の上に残る仕組み、サイン（フェルト）ペンのインクが流れ出てしまわないのはナゼか？　顕微鏡で見ることで視点を変えると、今まで当然のように思っていたことに、新たな不思議を感じるようになるでしょう。

水性ゲルインクの赤ボールペンです。赤インクが金属球をおおっています。

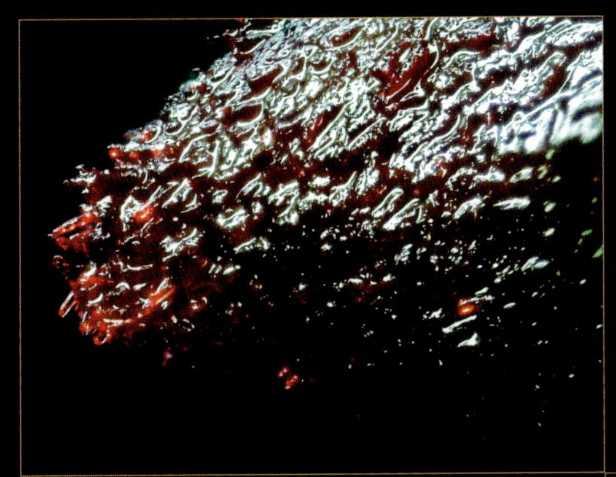

サインペンの先端。インクが染みるフェルト（状の人工繊維）を使っているためフェルトペンともいいます。

シャープペンシルの先、直径0.5mmの芯。芯の縦方向の溝は、最初からあります。

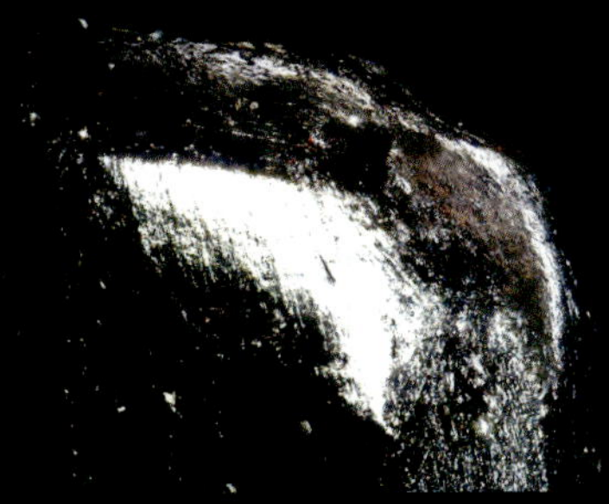

鉛筆の芯先（左）と回りの木との境い目です。

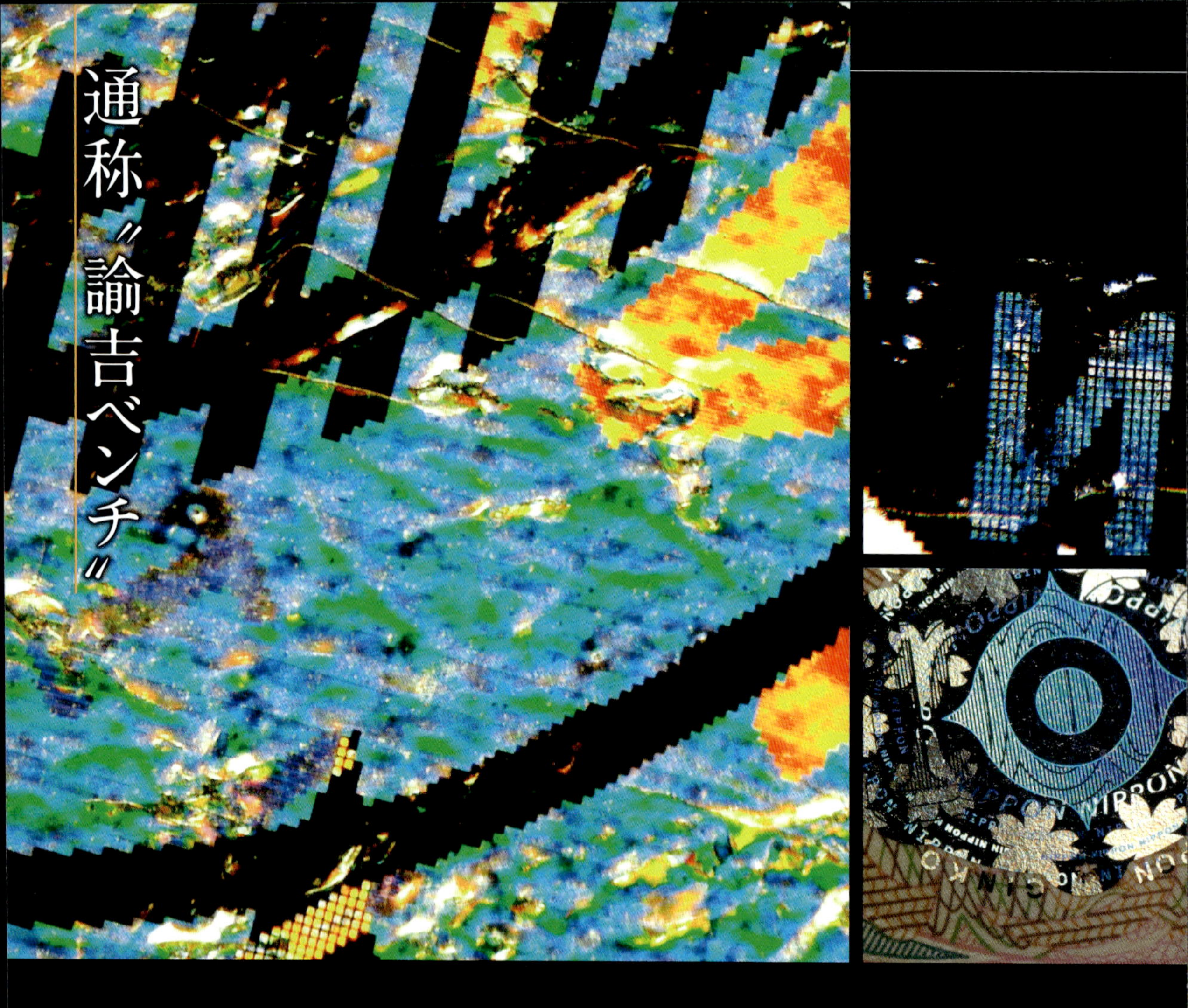

一万円札ホログラム

◉撮影機材：Celestron 44341
◉照明方法：落射照明
◉画像処理：なし

レンズ好きには有名

顕微鏡やカメラ用の拡大レンズがどれぐらい細かいものまで写し出せるのか？　を調べるとき、一部のマニアの間では「諭吉ベンチ」を使う方法が広まっています。"諭吉"というのは、福沢諭吉の肖像が使われている一万円札を使うことから、また、一般的に性能限界を調べるテスト「ベンチマーク・テスト」から、ふたつを組み合わせて諭吉ベンチというのです。

その方法のほか、紙幣の偽造防止のために組み込まれている、マイクロ文字などの高度な印刷技術も見ていきましょう。顕微鏡を使えば紙幣の紙繊維の違いまで、しっかりと観察できます。

一万円札の左下（壱万円の文字の下）にあるホログラム部分に注目です。

100分の1mmがはっきり見えるか？

諭吉ベンチでは、一万円札の左下にあるホログラムに注目します。そこには日本の「日」の文字を図案化したマークがありますが、マークの下部の尖ったところのすぐ左右にあるNIPPONの「N」の文字を見ます。この文字は、たくさんの正方形のブロックで描かれていますが、ブロックの一辺の長さが10μm（100分の1mm）と決まっているのです。ちなみに、人間の目では100μmより小さなものは見分けられません。

肖像画の名称「福沢諭吉」の“福”（上）と、マイクロ文字のNIPPON（下）、顕微鏡では上下左右が反転して見えます。

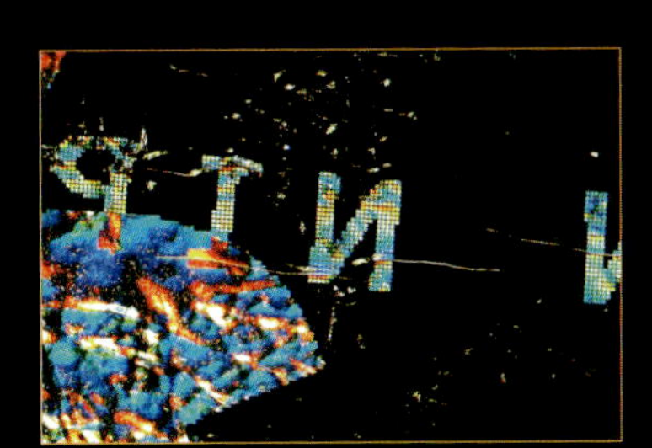

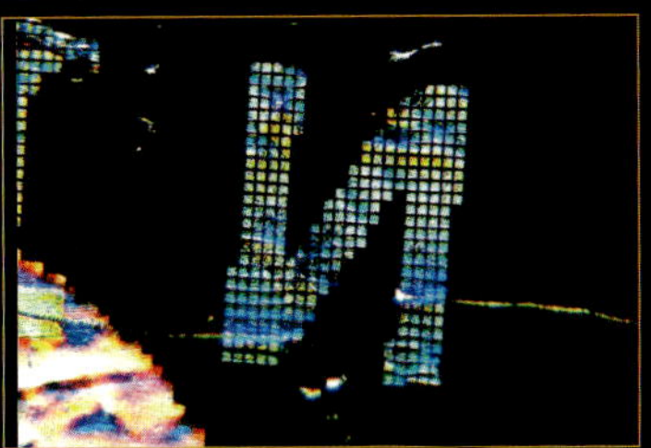

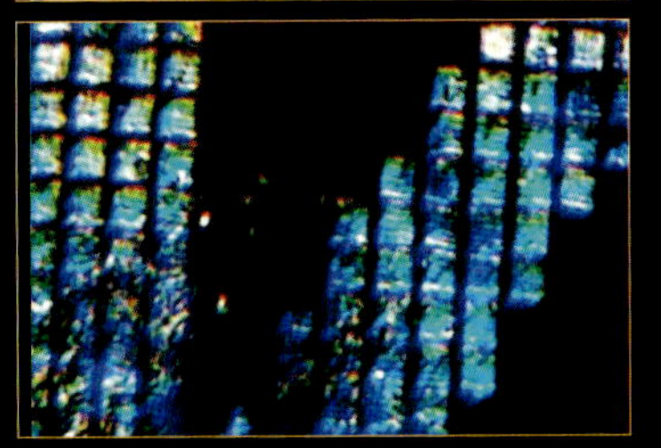

諭吉ベンチ。上から40倍、100倍、400倍相当（100倍×デジタル4倍）。10μmのブロックがはっきり見えています。

千円札のマイクロ文字、カタカナのニホンの文字が各所に隠されています。

五円硬貨の表面

◎撮影機材：Celestron 44341
◎照明方法：落射照明＋LED
◎画像処理：深度合成 4枚

白銅と黄銅の違い

国内で流通している硬貨は一円硬貨、五円硬貨、十円硬貨、五十円硬貨、百円硬貨、五百円硬貨の6種類（ほかに記念硬貨などもあります）。

このうち、アルミニウム100％の一円硬貨、銅60～70％・亜鉛40～30％の合金である黄銅を使う五円硬貨、銅75％・ニッケル25％合金の白銅を使う五十円硬貨および百円硬貨の表面を顕微鏡で見てみましょう。それぞれの硬貨で表面の様子や色・ツヤに違いはあるでしょうか？　各硬貨の製造年を確認し、経過年数の違いによる表面の変化を調べるのも良いでしょう。

百円硬貨の表面。小さなゴミが見えますが、大きな変化はありません。

錆びる金属、錆びない金属

白銅は空気中ではほとんど腐食しないため、長い間、銀色の輝きを保ちます。一方、新品こそ白銀色に光るアルミニウムですが、しばらくすると表面に酸化膜や水酸化物の膜ができて白っぽくなります。また、黄銅（真鍮とも呼びます）では、左ページの大きな写真のように、亜鉛が酸化亜鉛の透明な被膜を作り、内部を保護しているのがわかります。なお、十円硬貨、五百円硬貨については次ページ以降で紹介します。

こちらも百円硬貨、キズや凹みも少なくエッジも尖ったままですね。

五十円硬貨の文字印刻。百円硬貨と同じように美しいままです。

五円硬貨の表面、独特の銅化合物の色（青～緑）をしたサビがわずかに出ています。

一円硬貨の表面。たくさんのキズや凹みがあります。これらのキズや酸化膜などが光を乱反射するため白く見えるのです。

十円硬貨の緑青

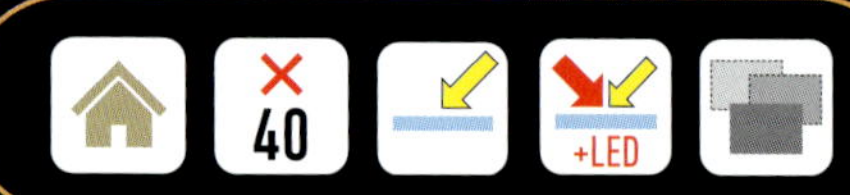

◉撮影機材：Celestron 44341
◉照明方法：落射照明＋LED
◉画像処理：パノラマ合成 2枚

緑の結晶にびっくり！

十円硬貨にできてしまった「緑青」を顕微鏡で見て驚きました。よごれやサビとは思えない美しい色をした、いろいろな結晶が見られたからです。

十円硬貨は銅95％、亜鉛3～4％、スズ1～2％の銅を主体とする合金で、“青銅（ブロンズ）”と呼ばれます。その成分が空気中の酸素や二酸化炭素、水分、手垢などの塩分や硫黄分と結びついて、炭酸銅や塩化銅、硫酸銅といった数種類の銅化合物になったものが緑青（ろくしょう）です。どれも銅イオン特有の青～緑色をしていますが、それぞれの色や結晶の形は異なります。

古い皮財布の中から数年間放置していた十円硬貨を発見。見事な緑青ができていました。

きれいに磨くのはダメ！

銅像などではわざと緑青を付けて着色したり、表面を保護したりしていますが、十円硬貨の緑青はただの汚れ。レモン汁やお酢（酢酸）など酸性の溶液をつけて磨くと、きれいになるのですが、この行為は硬貨の表面を削ることになるので法律に反する可能性があります。

しかし顕微鏡で見るだけなら、何も手を加えないので問題ありません、楽しみましょう。

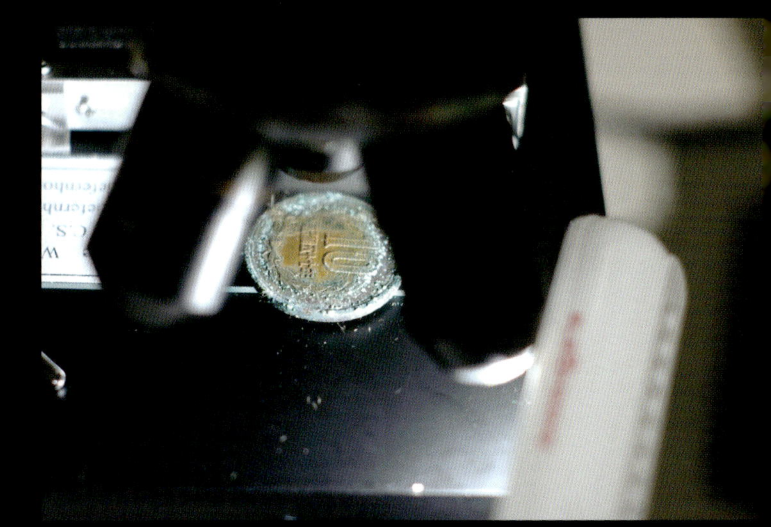

観察方法はカンタン。スライドグラスの上に乗せ、落射照明や小型LEDライトで照らすだけ。

短い正六角柱状の透明な結晶がいくつもありました。十円硬貨に少量含まれる亜鉛が酸素と反応した酸化亜鉛の結晶かも？

緑青（ろくしょう）というだけあって、深い青色から薄緑色など、さまざまな色と形をした化合物ができていました。

NIPPON技術の粋

五百円硬貨

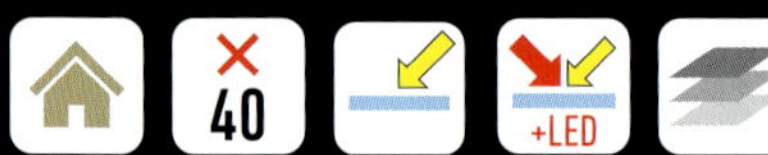

◉撮影機材：Celestron 44341
◉照明方法：落射照明＋LED
◉画像処理：深度合成 2枚ほか

高額硬貨のジレンマ

1982年に発行された五百円硬貨は、硬貨の中でも高額なことから変造硬貨問題に悩まされました。そのため2000年からは、偽造防止策として最新の技術が惜しげもなく注ぎ込まれます。

材質は、それまでの銅75%・ニッケル25%の白銅から、銅72%・亜鉛20%・ニッケル8%のニッケル黄銅になりました。電気伝導率が変わったことで、自動販売機などの機械で偽造品を見分けやすくなったのです。ほかにも顕微鏡サイズのマイクロ文字印刻（上写真）や、斜めから見える潜像、側面の斜めミゾなどがあります。あなたも覗いてみませんか！

現行の五百円硬貨は2000年から使われています（旧五百円硬貨も使用できます）。

一文字0.2mmの大きさ

特にマイクロ文字印刻の技術はすごいものです、表面にはNIPPONの6文字が陽刻（凸）で、裏面には同じ文字が陰刻（凹）で印刻されています。一文字の大きさはおよそ0.2mm角。肉眼では点のようにしか見えません。この顕微鏡の視野は40倍の時に画面の短辺が約1mmです。マイクロ文字は、硬貨面のあちこちに印刻してあるので、探すのに苦労しました。

「0」文字の中に、斜めから見ると「500円」と浮き上がって見える潜像があり、顕微鏡で見ると複雑な構造をしていることがわかります。

ニッケル黄銅のため、あまり腐食しません（サビません）が、皮脂などで汚れます。

裏面のあちこちにNIPPONの文字が陰刻されています（写真は左右上下を反転してあります）。

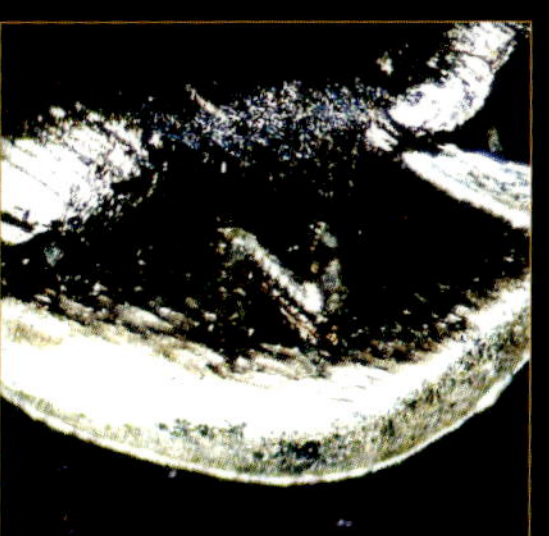

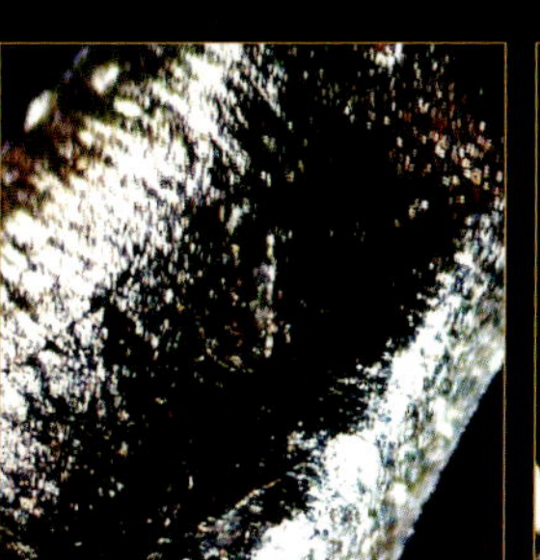

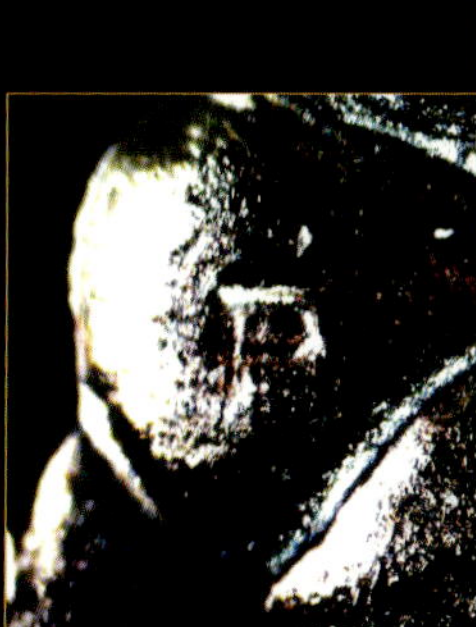

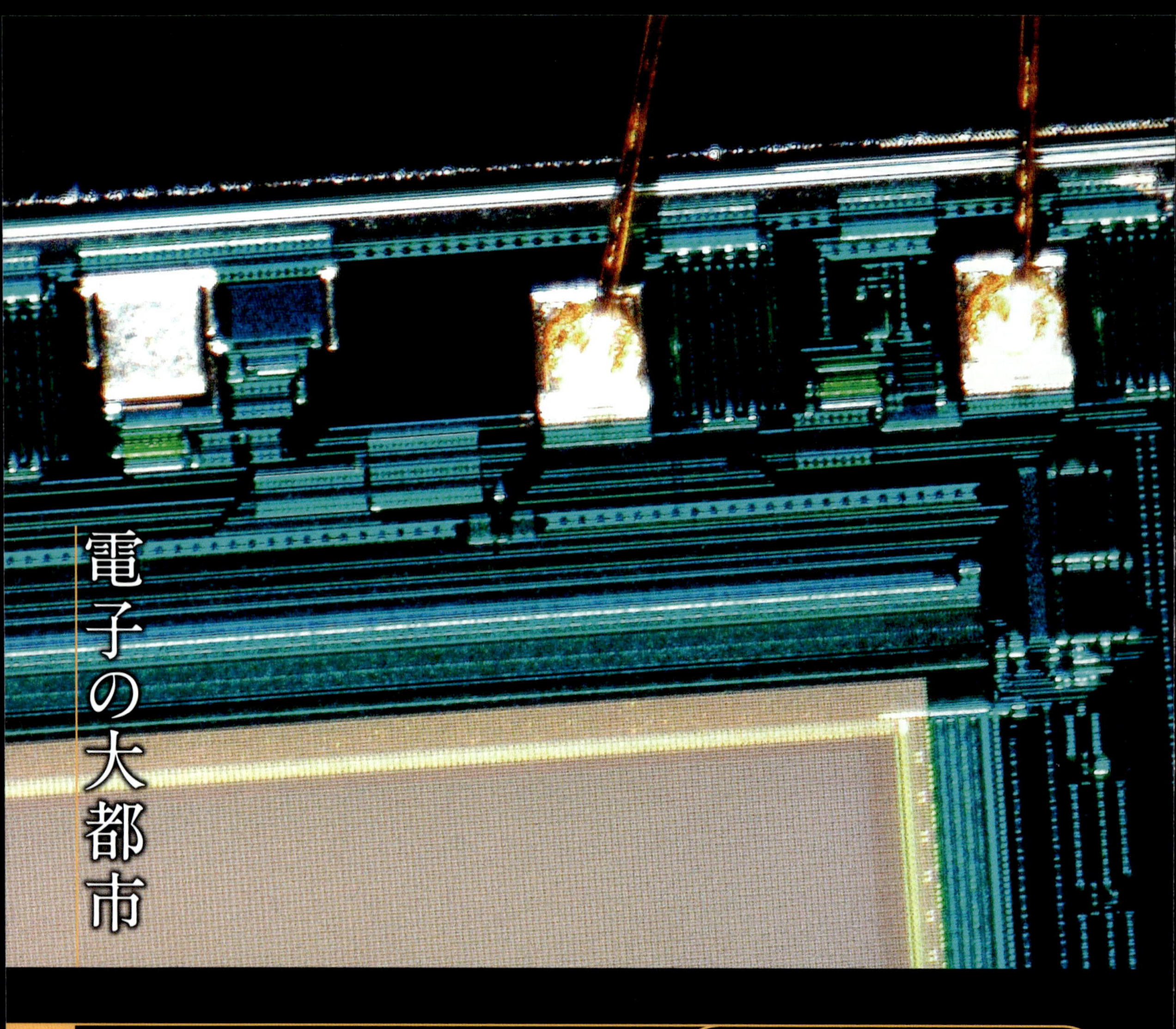

半導体素子（CCD）

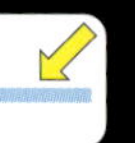

◉撮影機材：DMS500
◉照明方法：落射照明＋LED
◉画像処理：深度合成 9枚

集積回路を見る方法

デジタル技術の立役者であるシリコン半導体の集積回路、通常はパッケージに納められているので直接見ることはできません。その例外がデジタルカメラの撮像素子です。外から光を取り入れ、そこに結ばれた光学像を電気信号に換えるのですから、外から見ることもできます。

ここでは、壊れた古いデジタルカメラ（初期の機種）を分解したときに出てきた撮像素子（CCD）を見てみました。顕微鏡でもとらえられないほど細密な配線が、高密度に張りめぐらされています。最新の集積回路なら電子顕微鏡でも良く見えないかも？

半導体の集積回路は、電子基板に実装しやすいように黒いパッケージに入っています。

金の新しい鉱山

配線のところどころに見える黄金色の物質は金です。金には、①電気を通しやすい、②腐食しない（サビない)、③加工しやすい……という性質があるため、電子機器の各所に使われています。そこから、“廃棄された電子機器を回収し、貴重な金を取り出して再利用する”という都市鉱山の考え方が生まれました。電子基板は金の採掘場所としても注目されているのです。

デジタルカメラのフィルムともいえる撮像素子は、光を通すガラス窓の奥に入っています。

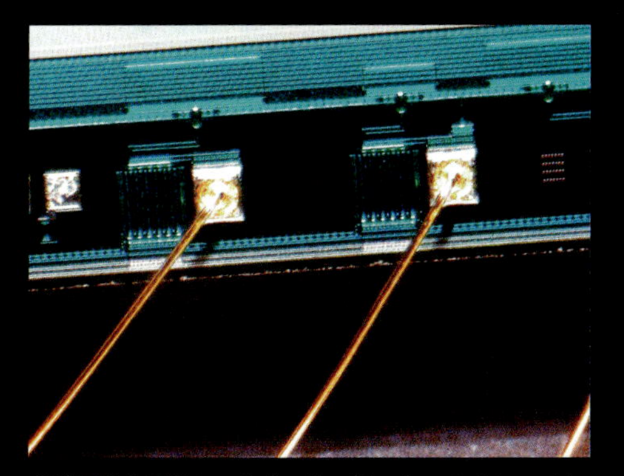
集積回路を周辺とつなぐのは、細い金のワイヤーです。

光を捉える部分を拡大、4つで1画素分の大きさのカラーフィルターが並んでいるのが見えます。

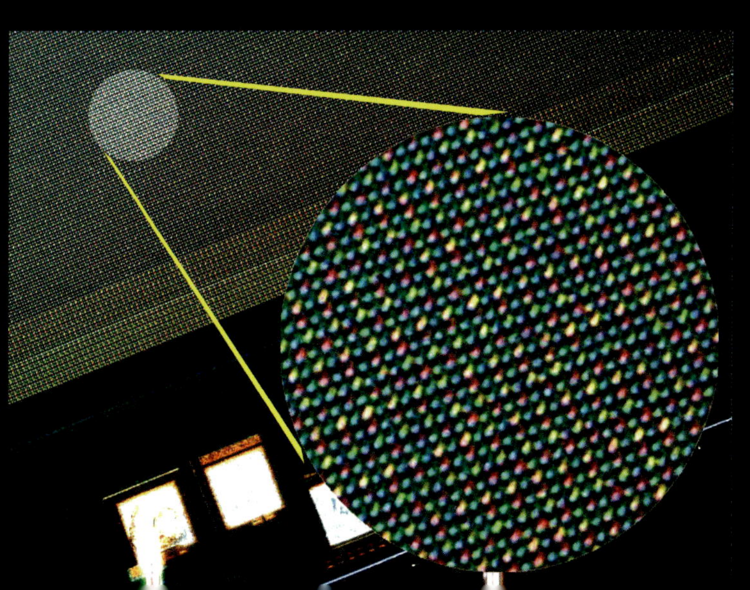

電子機器は、いろいろな半導体素子を基板に固定する端子部分も金メッキになっています。

ブリキ（スズメッキ鋼板）

◉撮影機材：Celestron 44341
◉照明方法：落射照明
◉画像処理：パノラマ合成

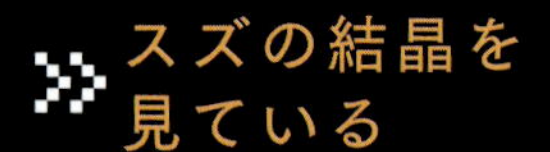

スズの結晶を見ている

鉄の板は、そのままで使うと空気中の酸素や水分と結びついてサビてしまいます。サビによる変色や劣化を防ぐため、表面を別の金属の薄い層でおおうのが"メッキ"。身近なものでは、鉄にスズをめっきしたブリキや、鉄に亜鉛をめっきしたトタンなどがあります。ここではミカンの缶詰に使われていたブリキの表面を見てみました。

めっき時に表面のスズが結晶化するため、変則的な多角形の模様が現れています。結晶の成長方向の違いが、照明の反射光の明るさを変えるために明暗模様となったのです。

金切りはさみで、缶詰の缶から小片を切り出して観察しました。

一面の水玉模様

カラープリンター印刷物

◉撮影機材：DMS500
◉照明方法：落射照明
◉画像処理：なし

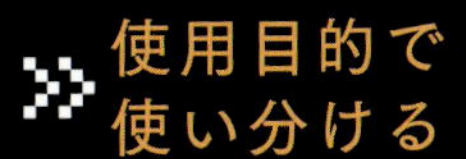

使用目的で使い分ける

家庭用のカラープリンターは、インクの液滴を飛ばして紙に付着させるインクジェット方式がほとんどです。それには大きく分けて……、

①電気で変形する素子を使い、ポンプのようにしてインク液滴を飛ばすものと、

※写真左：写真用紙、上 40倍、下 100倍

②電気ヒーターで瞬時にインクを加熱し、泡の力でインク液滴を飛ばすもの（写真 右）、

※写真右：普通紙、上 40倍、下 ノズル部

の２方式があります。それぞれ写真用紙・普通紙の向き不向き、ランニングコストなどの点で長短があるので、用途によって使い分けましょう。

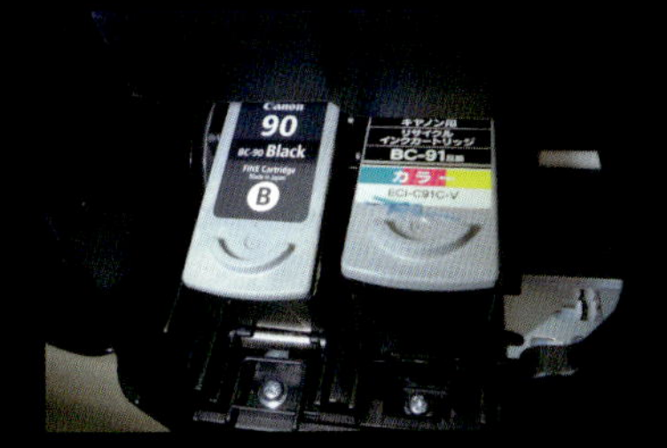

②の方式のカラープリンターのインクタンク部分（ノズル一体式のもの）。

軽石？ いいえ、コーヒーです

インスタントコーヒー顆粒

◉撮影機材：DMS 500
◉照明方法：落射照明＋LED
◉画像処理：深度合成 5枚

石のようにも見えますが！

結晶のような小さな粒と、多数の丸い穴。まるで火山から噴出した軽石のようです。その正体は、約50年前の1967年から国内販売されているインスタントコーヒー（レギュラーソリュブルコーヒー）です。

製法を調べてみると、コーヒーの抽出液に微粉砕したコーヒー豆を加え、それをフリーズドライによって顆粒状に固めたものだとわかりました。フリーズドライ製法は、水分を含んだ食品などを急速冷凍し、そのまま空気を抜いて真空状態にし、水分を除いて乾燥させる製法で、その過程でたくさんの細孔ができます。

いつも愛飲しているインスタントコーヒーの顆粒を観察してみました。

減圧すると泡ができる

圧力が下がると、水はより低い温度で沸騰します。富士山の山頂では約0.7気圧ですから水は約88度で沸騰、もっと真空に近くすると氷点下でも蒸発（固体の氷→気体の水蒸気への変化なので昇華）するようになります。

コーヒーに孔がたくさん開いているのは、水が水蒸気になって体積が増えたからです。これは噴火によって地中深くから大気中に飛び出し、急減圧した岩石＝軽石と似た仕組みなのです。

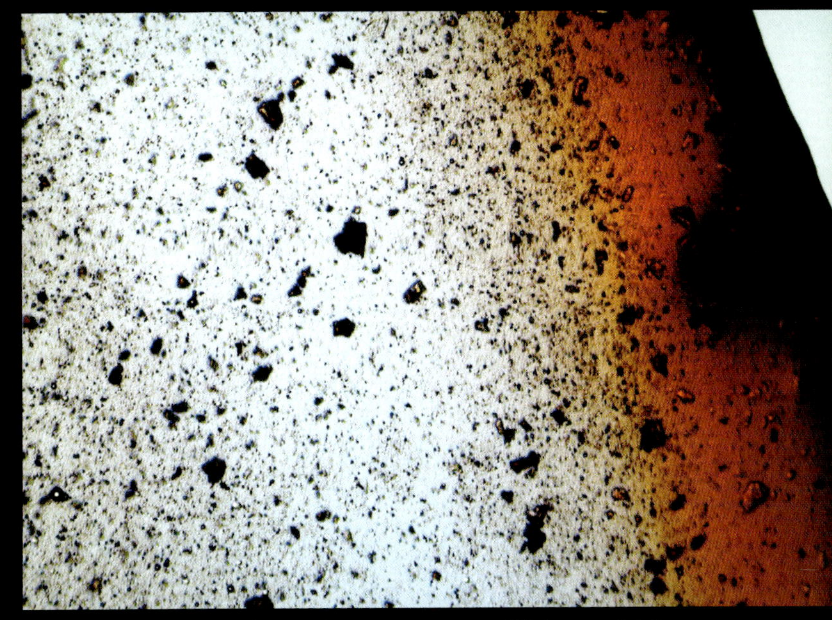

少量の水に溶かした状態。溶けていないのがコーヒー豆の微粉末でしょうか？

透過照明の明るさを変えながら撮影、背景が明るいほうが色のバランスが正確ですね。

100倍で観察。乾燥させたコーヒーの固形物は多糖類、脂質、タンパク質、フミン酸などです。

LEDライトを使って斜めから光を当てると立体的な様子がよく観察できます。

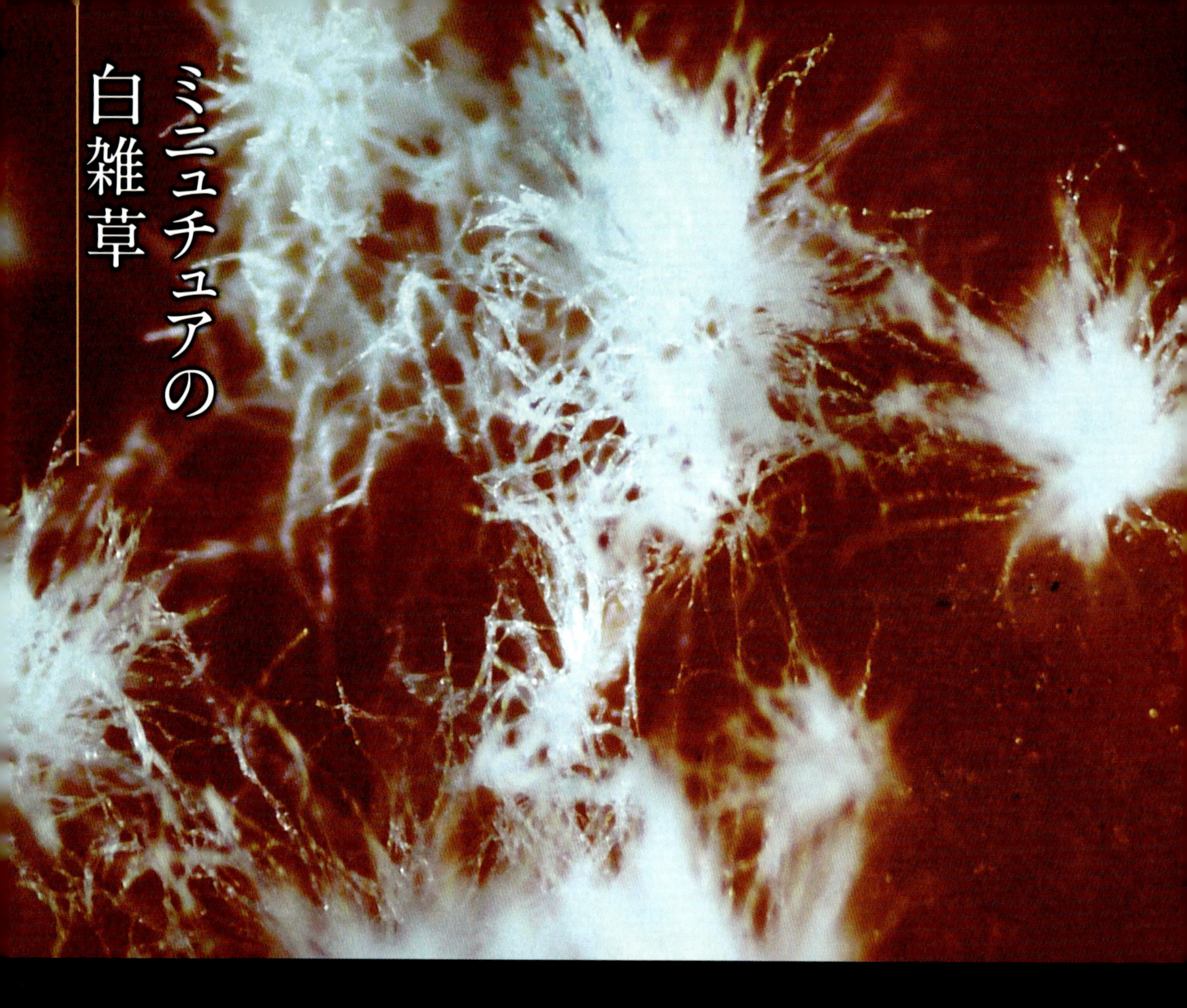

ミニュチュアの白雑草

アオカビの仲間

◉撮影機材：Celestron 44341
◉照明方法：落射照明＋LED
◉画像処理：深度合成５枚

見たこと あるような？

多くの人が一度は経験したことがあるでしょう。おいしそうなミカンにカビが生えてしまったことが……。皮の表面にカビが見えたら、残念ながら手遅れです。カビの菌糸は見た目以上に中に入り込んでいて、ミカンの実の糖分を分解し、味をまずく変えてしまっています。ミカンのカビはほとんどがアオカビ。

アオカビそのものの毒性は低いとはいえ、口にしないほうが賢明でしょう。また、カビの胞子は容易に空気中にただよい出し、アレルゲンとなって人体に害を及ぼすこともあるので、観察後はすぐに処分するのがオススメです。

オレンジの青かび病。上の大きな写真は温州ミカンのアオカビ（菌糸）です。

緑かび病・青かび病

ミカンやオレンジなどのかんきつ類には、アオカビの仲間（ペニシリウム属）が繁殖しやすいことが知られていてます。しかも、収穫前から発生することもあって農業関係者からは「カンキツ緑（青）かび病」として恐れられています。ペニシリウム属のカビには、非常に多くの種類があり、人間に役立つものもありますが、有害なものもあります。

傷などから胞子が入り込んで菌糸を伸ばし、成熟すると有色の胞子（分生子）を付けます。

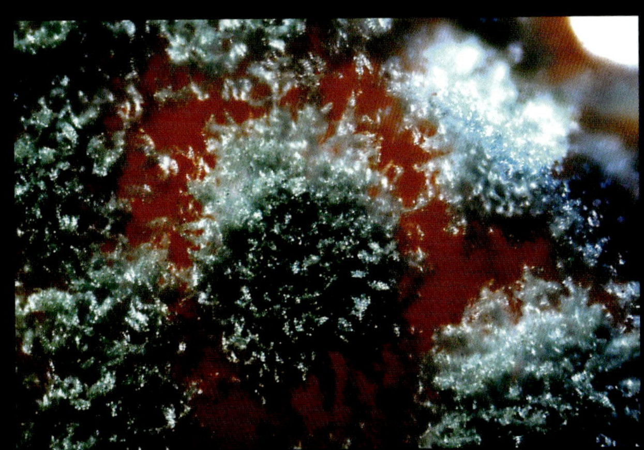

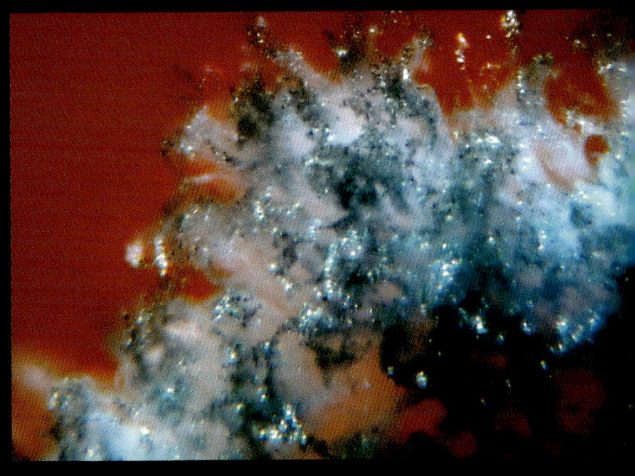

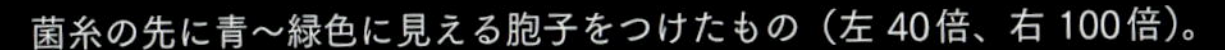

菌糸の先に青～緑色に見える胞子をつけたもの（左 40倍、右 100倍）。

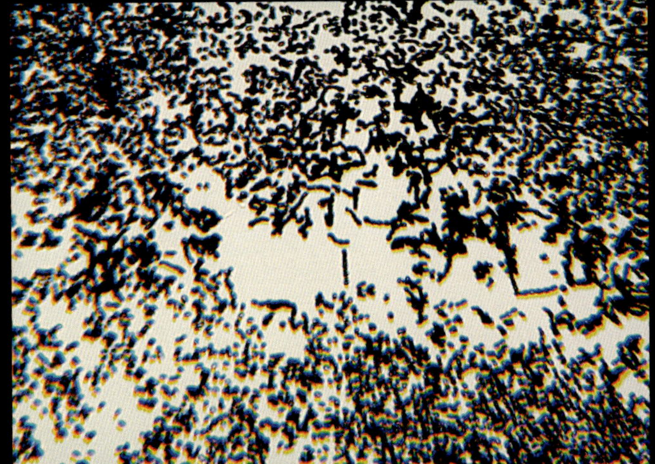

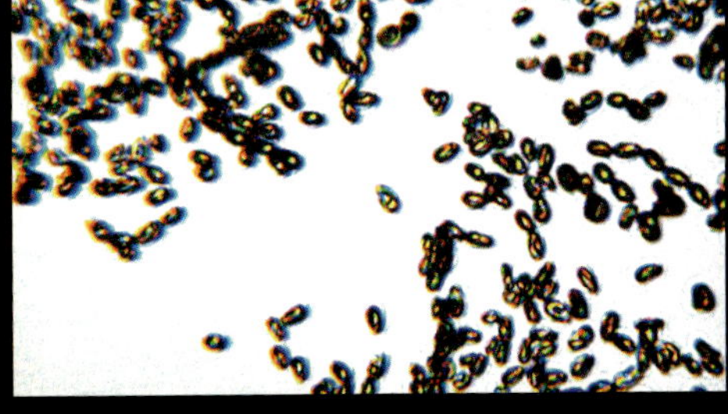

胞子を100倍（左）と400倍（右）で観察。アオカビの胞子は長軸で7μmと特に小さく、人の血液の赤血球と同じぐらいの大きさです。

Column　ピントの奥行きを出す

深度合成する

◉ピントの合う範囲が狭い

光学顕微鏡には「ピントの合う範囲が狭い（浅い）」という性質があります。しかも倍率が高くなるほど、その範囲が狭まります。目で見て観察するときは、ピント調節つまみを動かしながら見たいところを順に見ればよいのですが、写真ではそうはいきません。

それがデジタル画像の時代になると一変します。立体物を観察・撮影するときに、少しずつピントをずらして複数枚を撮り、パソコンで処理することができるようになりました。何枚も撮った写真からピントがあっている部分だけを取り出して、1枚に重ねることができるのです。「深度合成（しんどごうせい）」もしくは「焦点合成（しょうてんごうせい）」と呼ばれるこの技術、ぜひとも使ってみましょう。

単体の写真（上）と、ピント位置を前後に動かして撮り深度合成したもの（下）。奥まったところにもピントが合います。

◉ピントを変えて何枚も撮る

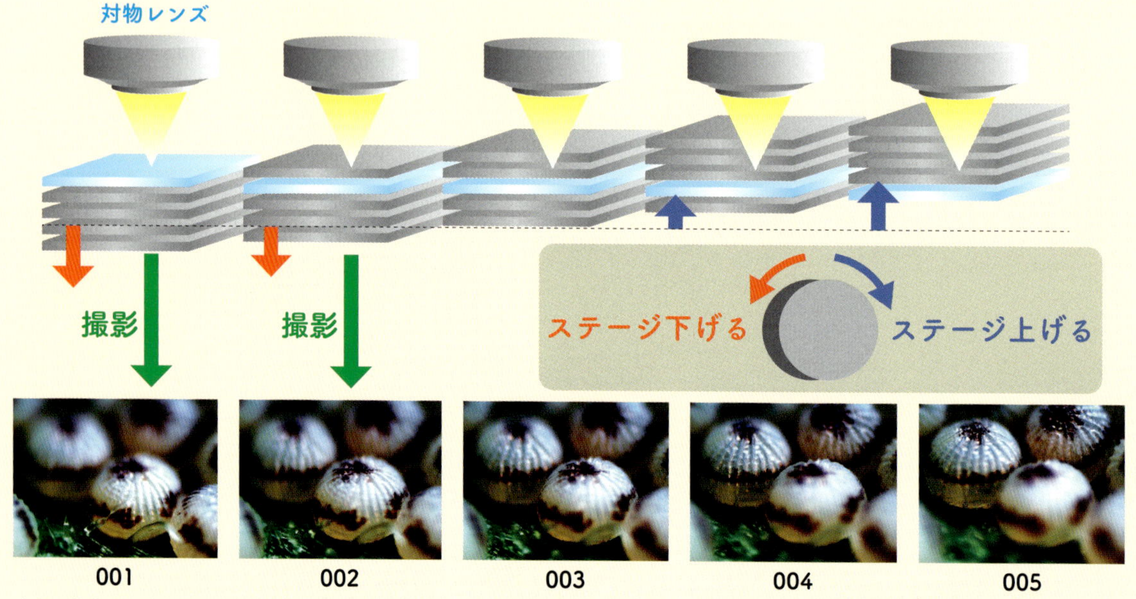

本書で紹介している生物顕微鏡タイプの場合、対物レンズの先の一定のところに焦点を結びます（ピントが合います）。そのため、ピント位置の異なる何枚もの写真を用意するには、ステージをゆっくり上下させながら撮影します。

◉タイマー撮影を使う

片手でピント調整つまみを動かし、もう片方の手で撮影ボタンを押すのは困難ですし、手ぶれの要因にもなります。一定時間ごとにシャッターが切れる「タイマー撮影」機能を使いましょう。

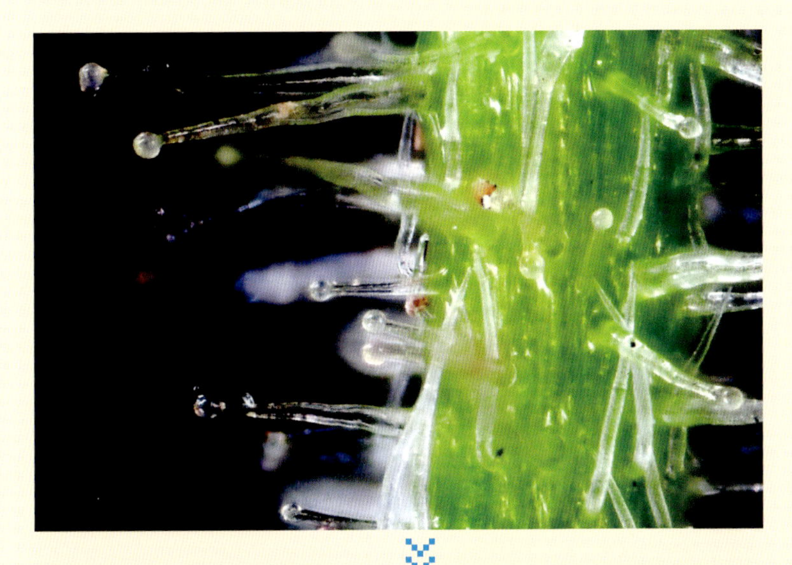

タイマー機能を使って連続撮影した1枚（上）と、ピント位置を変えながら撮った10枚の写真を深度合成したもの（下）。1枚ではボケていた部分もはっきり写し込めます。

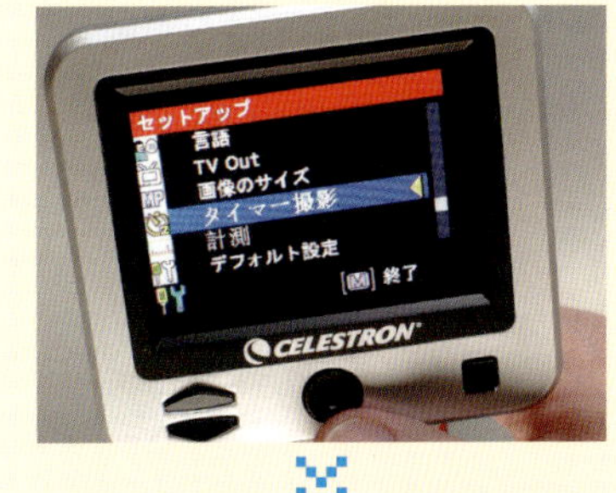

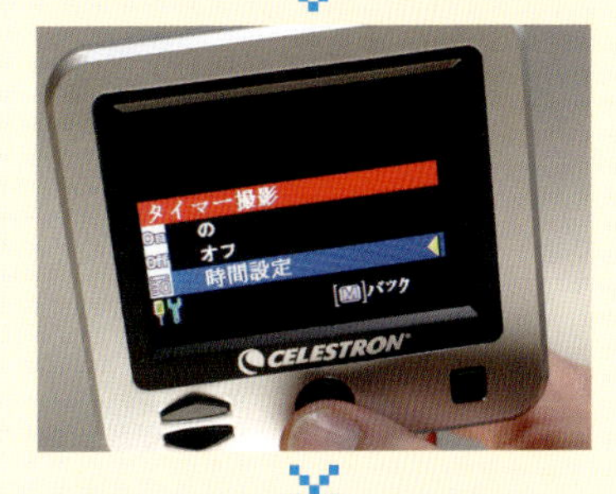

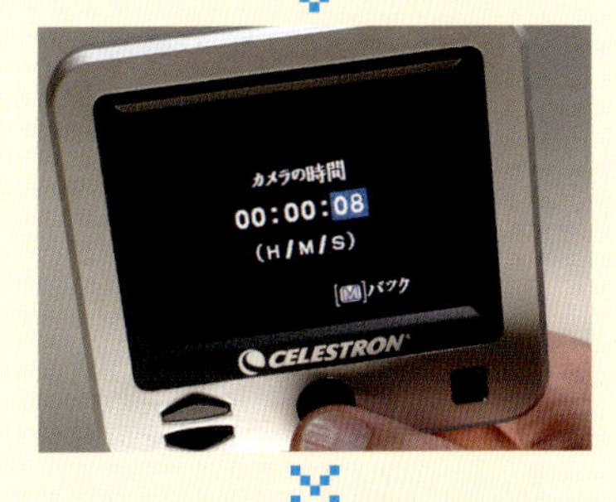

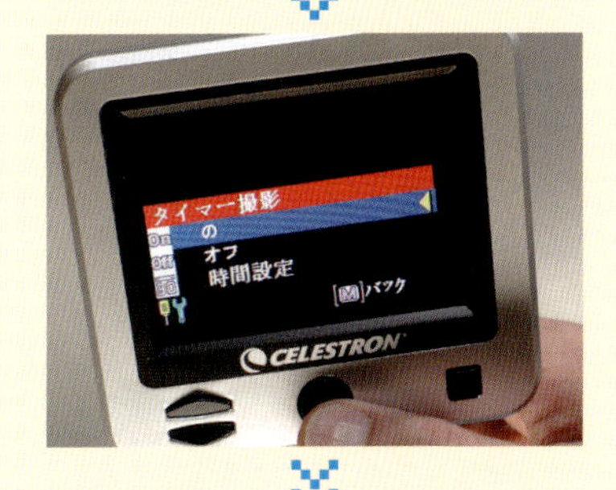

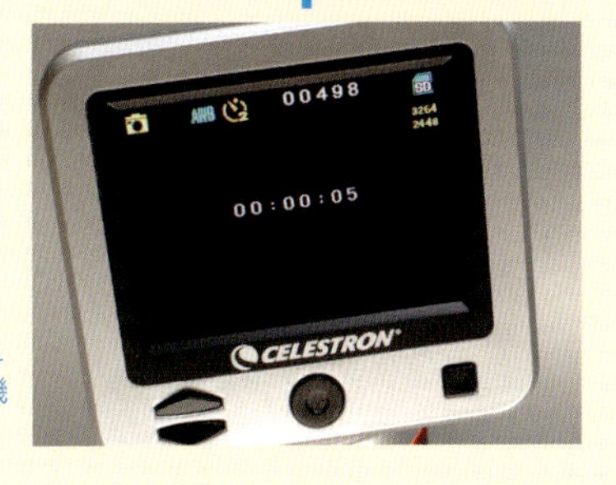

タイマー撮影（別名：インターバル撮影）機能の設定方法。メニューからタイマー撮影を選び、撮影間隔を時・分・秒単位で決め、機能をオンにすると、指定間隔での連続撮影が始まります。

◉深度合成ソフトの一例

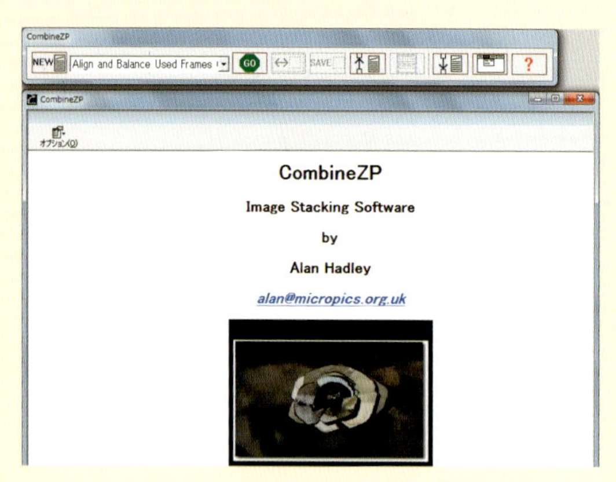

近年、数種類のパソコン用「深度合成ソフト」が登場しています。高機能なデジタルカメラの中には、カメラで連写するだけで深度合成が行える機能を内蔵した製品もあります。ここでは無償で使えるWindows用の深度合成ソフト「Combine ZP」を紹介しましょう。

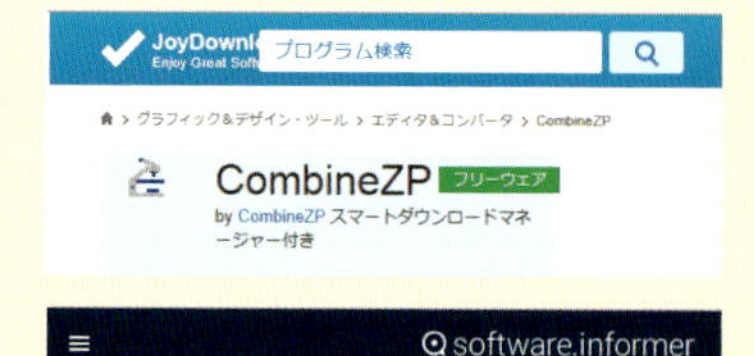

2017年9月現在、残念ながらCombine ZPの公式サイト（hadleyweb.pwp.blueyonder.co.uk）は閉鎖されていますが、2つのダウンロードサイト（combinezp.joydownload.jp もしくは downloads.informer.com/combinezp）から入手できます。

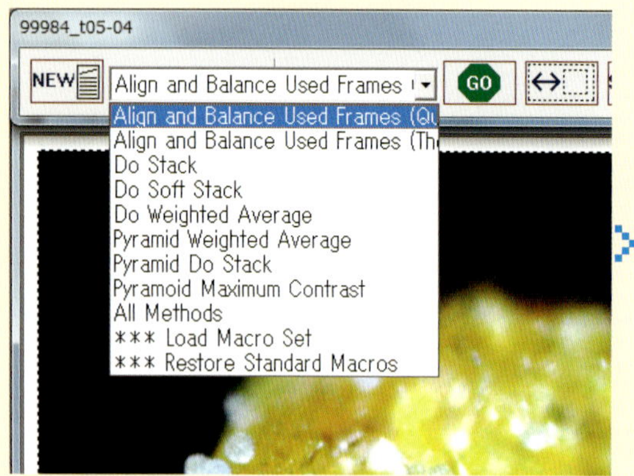

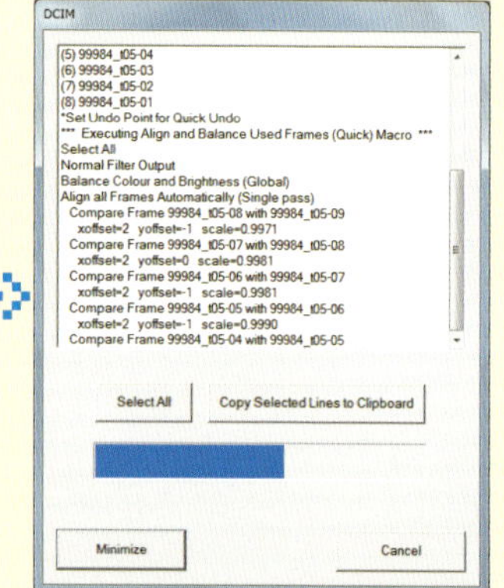

深度合成する複数の画像を読み込ませ、それぞれが重なるように画像の位置を合わせます（自動処理）。

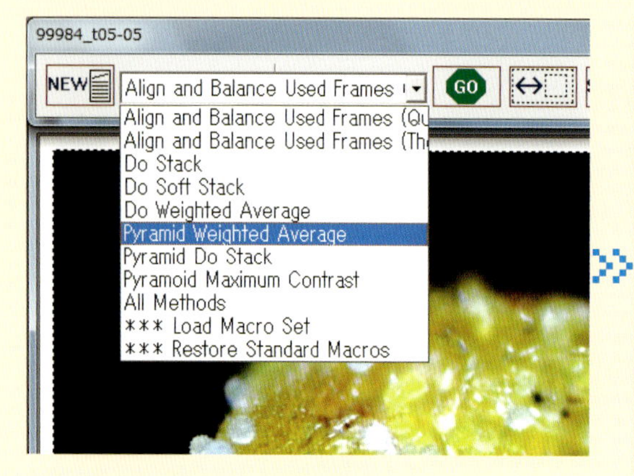

深度合成の方法（方式）を選んだら「GO」ボタンをクリックして処理を進めます。いろいろな方式を試してみましょう。

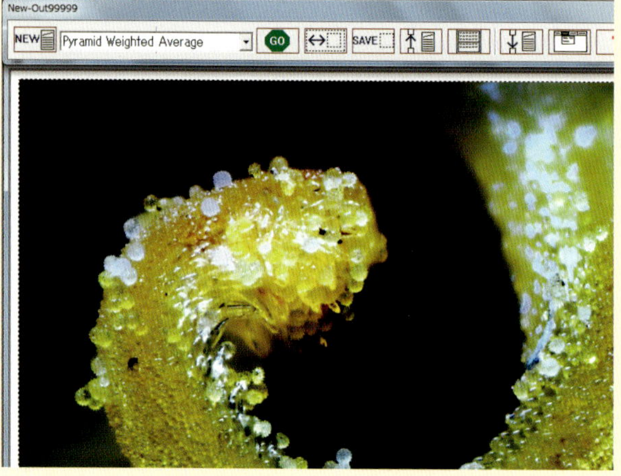

深度合成処理が終わった状態、「SAVE」ボタンをクリックして保存しましょう。ほぼ自動処理なので手間なく進められます。

◉5〜20枚 慎重に撮り進めます

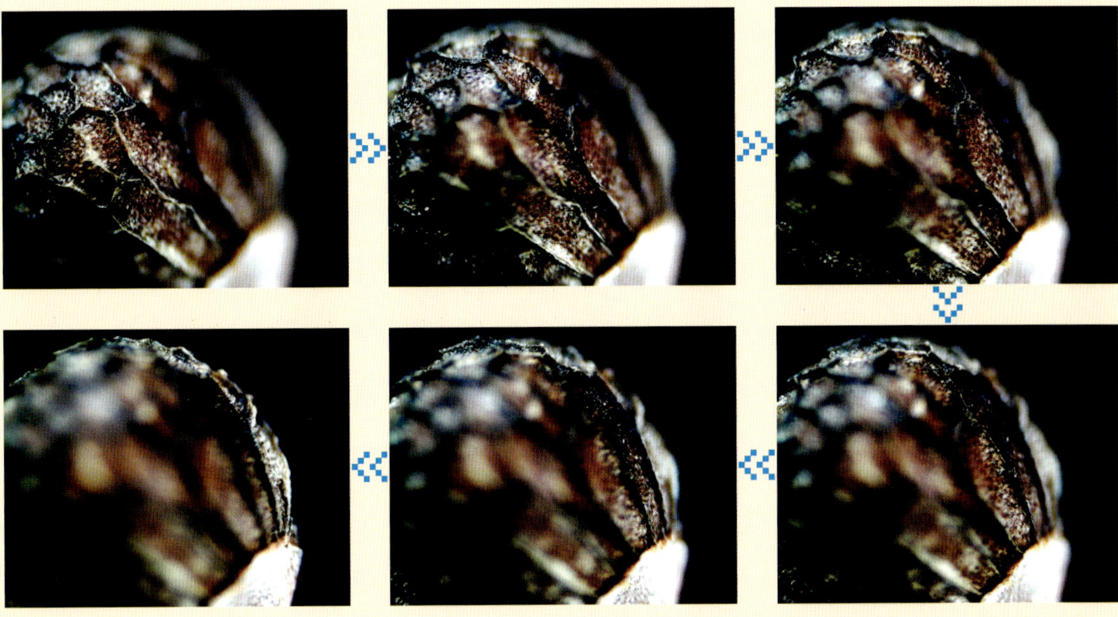

シソの種子（126ページ）での実例です。ピントが合っている部分が少しずつ重なるように、撮っていきます。

タイマー撮影のタイミングを見ながら、ピント調節つまみを“ほんの少し動かして止める”を繰り返します。

上の6枚の写真をCombine ZPで深度合成。立体感は薄れますが、全体的にピントの合った写真となりました。

小さくなって植物を見る

「奇妙な世界」

- サクラソウのメシベとオシベ
- ネジバナの花
- ヒルザキツキミソウの花粉
- スギナの胞子
- アサガオの花粉
- トキワハゼ
- ムラサキカタバミのメシベ
- トキワマンサクの星状毛
- ヒルガオのオシベ、メシベ
- セイタカアワダチソウ種子
- コスモス花糸筒
- スイセンノウの葉
- センダングサの仲間
- ハキダメギク
- シソ（エゴマ）
- ナガミヒナゲシ
- ツワブキ
- サザンカのオシベ
- コミカンソウ
- イヌワラビ
- うどんこ病

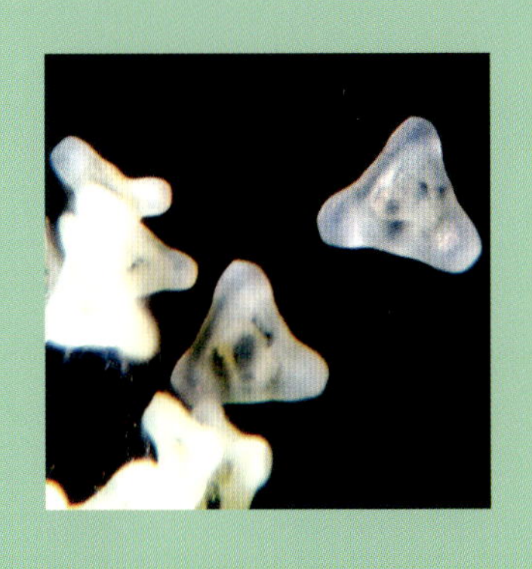

顕微鏡で旅するミクロの異世界、

奇妙な植物の世界

サクラソウのメシベとオシベ

◉撮影機材：Celestron 44341
◉照明方法：落射照明＋LED
◉画像処理：深度合成 6 枚

春の可憐な野草

桜の咲く頃、地面にも桃色をして桜によく似た形の小さな5弁の花が咲きます。その名もサクラソウ科サクラソウ属サクラソウ。日本の自生種で、江戸時代にさまざまな品種がつくられ各地で愛好されました。

サクラソウの仲間の植物は海外でも園芸品種として改良が進み、属名のプリムラなどとして売られています。その反面、日本のサクラソウは生育に適した場所・環境が減り、野生状態で繁殖している場所は限らます。一時期、レッドリストの絶滅危惧Ⅱ類でしたが、自生地の保護活動もあって、現在は"準絶滅危惧"です。

著者宅の庭にある野生のサクラソウ群落から、一輪の花を採取して観察しました。

自家受粉を避ける仕組み

左ページの大写真では、サクラソウのメシベ（緑色）とオシベ（黄色）がくっついていますが、これは観察時に人為的に動かしたからで、普通の状態ではありません。

同じ株のサクラソウの花は、オシベとメシベの長さが違っていて（異型花柱花）、自分の花粉による受粉を避けて遺伝子の多様性を保つ、一種の「自家不和合」になっているのです。ちなみに、自家不和合は、全種子植物の半分ぐらいが持っている性質です。

花の奥にメシベが見えますが、オシベはさらに奥にあって見えません。

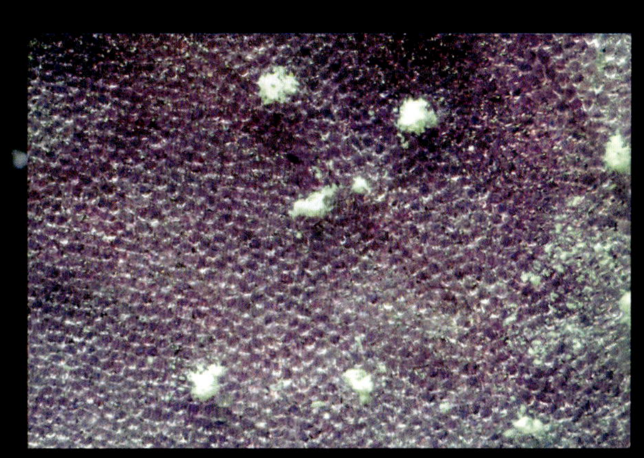

つぼみや花弁の裏には、白い粉（粉状体）があります。これには毒性*があり、食害への防御となっています。

＊人もかぶれることがあります。

メシベ（花柱）の先は湿っていて花粉が付きやすくなっています。

短いオシベですが、先にはたっぷりの花粉があります。

宝石細工の芸術

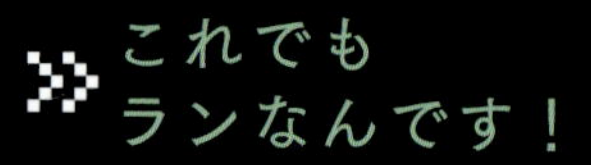

ネジバナの花

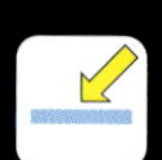

◉撮影機材：DMS500
◉照明方法：落射照明＋LED
◉画像処理：深度合成5枚

これでもランなんです！

初夏の草原でかわいらしい姿を見せる「ネジバナ（モジズリという別名もあります)」。10～30cmにすっと細く伸びた花茎に、ピンク色の小さな花を次々とらせん状に咲かせるのが特徴で、野草の中でも目立ちます。

日本をはじめ、ヨーロッパ、アジアに広く分布する植物で、科属名は「ラン科ネジバナ属ネジバナ」。大きく可憐な園芸ランの仲間ですが、絶滅が危惧されている多くの国内自生ランとは違って野原や公園のスミなど、どこででも見られるのがネジバナです。見つけたらルーペで花を拡大して観察してみましょう。

ネジバナの花をカメラで接写！　小さくても立派にランの姿をしています。

右巻き左巻きはうん任せ？

ネジバナを特徴付けているのは、なんといっても“ねじれ”でしょう。らせん階段のステップのように、花茎の軸に対して少しずつ角度がズレて花が付いています。

下の写真のように、ネジバナの花序のねじれの強さや方向は、それぞれ異なっています。右巻きと左巻きの比はおよそ1対1、どちらになるかは花芽が作られるときに決まるようですが、詳しいことはまだわかっていません。

花弁（花びら）の部分は特に細胞が大きく膨らんでいて、観察しやすくなっています。

花序のねじれの向きや強さは、一株の中では左右対称になるようです？

花の周りにあるガクを顕微鏡で観察（下40倍、右100倍）。先に粘液が詰まった細かな毛が生えているのが印象的です。

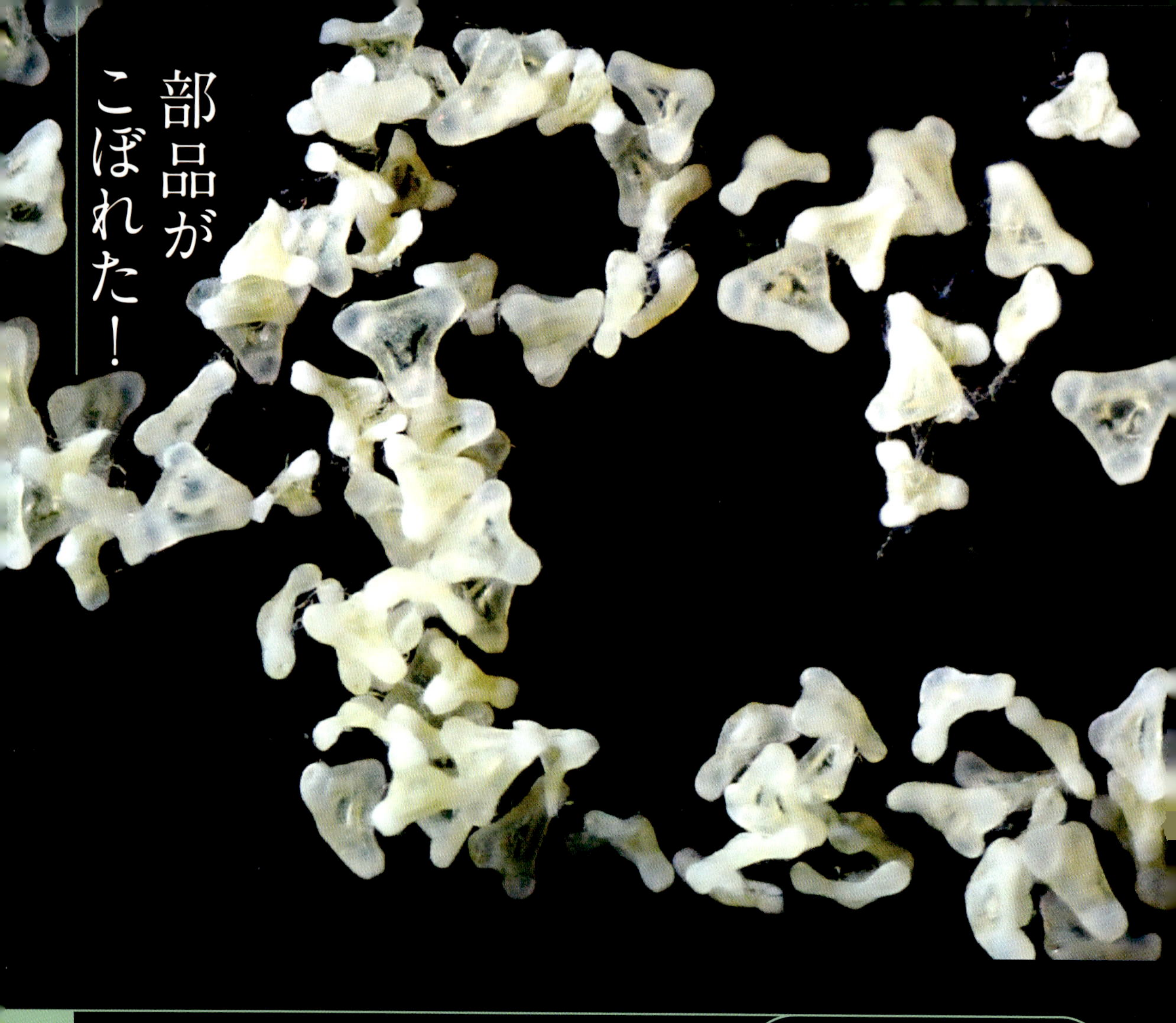

部品がこぼれた！

ヒルザキツキミソウの花粉

◉撮影機材：Celestron 44341
◉照明方法：落射照明
◉画像処理：なし

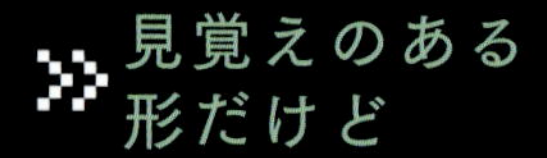

見覚えのある形だけど

床に乳白色のプラスチック製の工業部品をばら撒いてしまったように見えますが、上の写真は、アカバナ科マツヨイグサ属ヒルザキツキミソウ（昼咲月見草）の花粉を顕微鏡で40倍に拡大観察したものです。

夕方に黄色い花を咲かせる待宵草もそうですが、マツイグサ属の植物はもともと日本には一種も無く、明治時代に鑑賞用として北米などから持ち込まれたものです。今では日本の各地で野生化していますが、ヒルザキツキミソウも例にたがわず、晩春〜夏にかけてきれいな桃色の花を咲かせる雑草として認識されています。

花が美しく、こぼれ種も発芽しやすいため、毎年、同じような場所で咲きほこっています。

三角形の花粉が特徴

花粉が三角形の板状をしていますが、これはマツヨイグサ属に共通した特徴です。もうひとつ、粘液が付いた細い糸（粘糸）がたくさん絡まり、訪花昆虫などの体に花粉がくっつきやすくなっているのも特徴です。

こうして異株花との受精成功率を高め、遺伝子の複雑性を増していることが、急速な分布域の拡大につながっているのかもしれません。

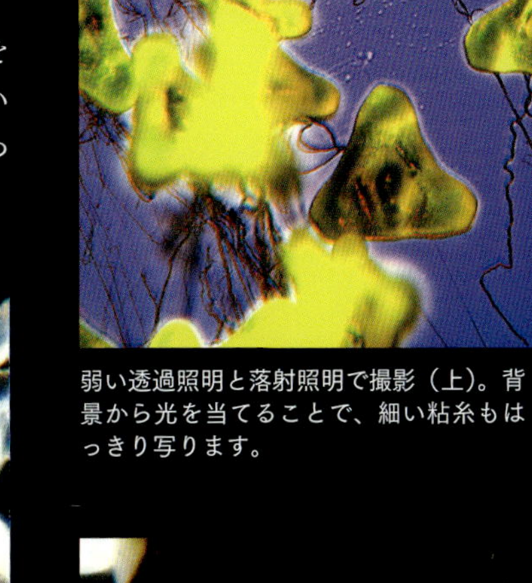

弱い透過照明と落射照明で撮影（上）。背景から光を当てることで、細い粘糸もはっきり写ります。

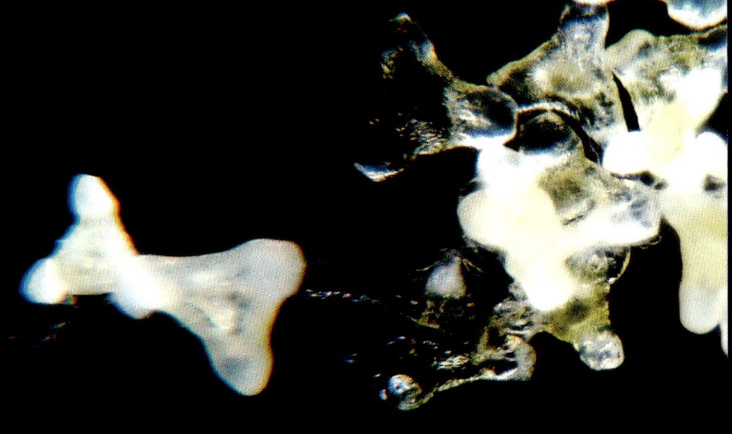

100倍で観察、花粉として非常にユニークな形をしているのがわかります。

一滴の水をたらして変化を見ました（上：落射照明、下：透過照明）。すると、すぐに水を吸って中央部がふくらみます（右）。まるで別の花粉のようですね。

風の子どもたち

スギナの胞子

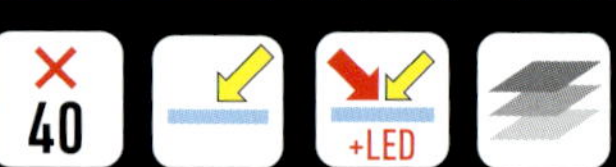

◉撮影機材：Celestron 44341
◉照明方法：落射照明＋LED
◉画像処理：深度合成２枚

ツクシを知ってますか？

桜の季節に地面から筆のような茎を伸ばし、春の訪れを知らせるツクシ（土筆）。食べられる野草、あるいは言い伝え的な民間療法の薬草として有名ですね。ここでは、ツクシが大量に散布する、その胞子を見てみました。

ツクシは、スギナ（トクサ科トクサ属スギナ）という植物の胞子茎です。シダの仲間のため、生活史はやや複雑で、胞子で増える無性世代と、胞子が成長した配偶体（精子・卵）の受精卵が幼植物をつくる有性世代にわかれます。親子という単純な関係ではありませんが、スギナとツクシは地下茎でつながっています。

スギナの胞子茎＝ツクシ。栄養茎のスギナは防除が難しい植物として嫌われています。

胞子は湿度に敏感

スギナは湿り気のある場所が大好きです。繁殖場所を選ぶ仕組みが、乾燥すると伸び、湿り気があると縮む（胞子本体に巻きつく）という、胞子についている２本の弾糸です。乾燥したら弾糸を伸ばして風に乗って遠くまで運ばれ、湿り気があれば弾糸を縮めて地面に降り、そこで繁殖するというわけです。

胞子のうの中には、球形の胞子がぎっしり詰まっています（40倍）。

ツクシの先をほんの少しだけスライドグラスに乗せると、照明光の熱で乾燥し、胞子がどんどん湧き出てきました。

湿った胞子、本体に弾糸を巻きつかせています。

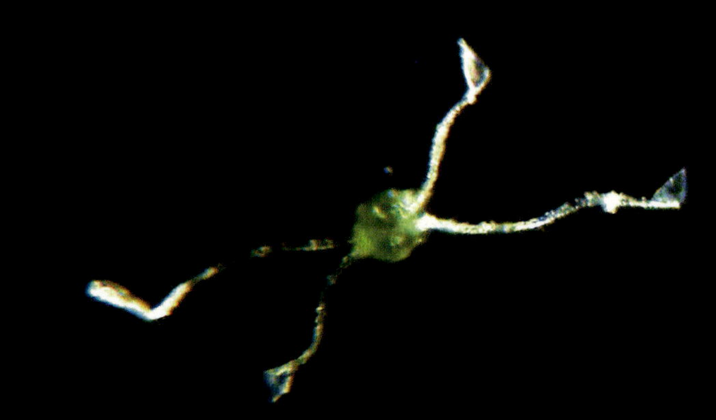

乾燥した胞子、中央で重なる２本の弾糸を伸ばした状態です。

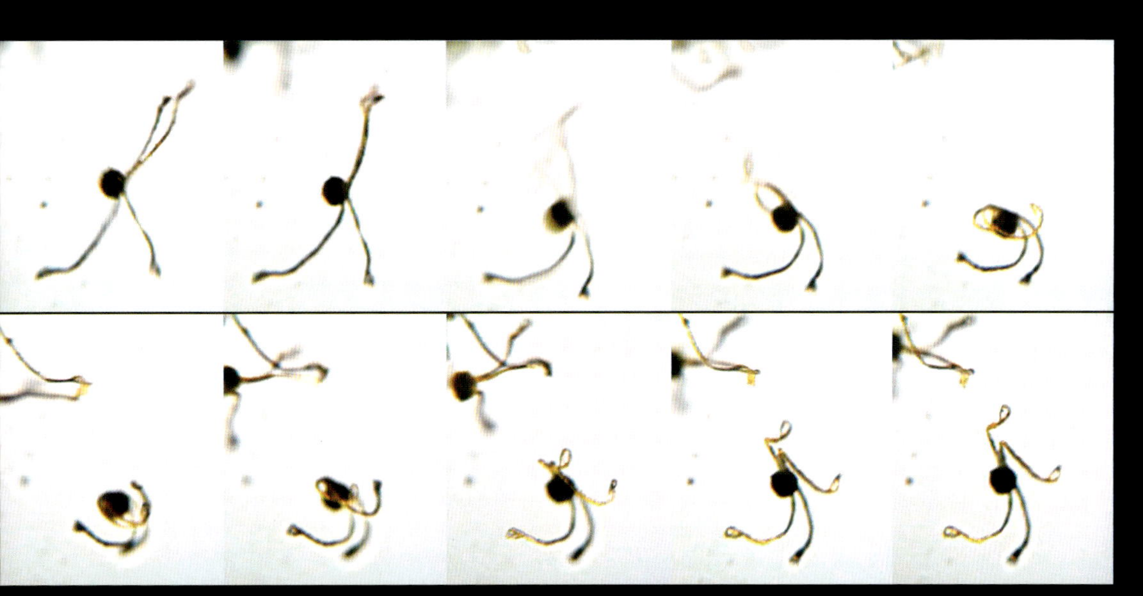

胞子に“はー”っと弱く息を吐きかけた時の変化を動画撮影。反応はとても早く伸び縮みに１秒もかかりません。

パンダの里の入り口

アサガオの花粉

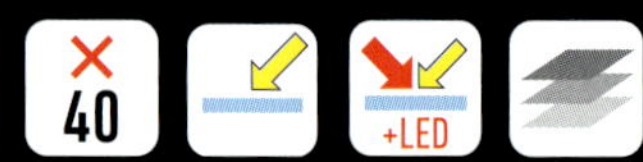

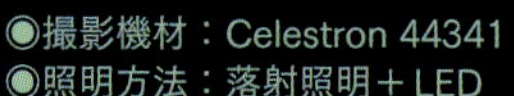
◉撮影機材：Celestron 44341
◉照明方法：落射照明＋LED
◉画像処理：深度合成６枚

白黒模様は光のイタズラ

夏の早朝、あざやかに咲くアサガオ（朝顔）の花の一部、花粉をたくさん付けたオシベの先を拡大しました。上の写真は鞘のように花粉を抱えるオシベの葯（ヤク）という部分を裏側から見たものです。光が透けて向こう側に届いているので白黒模様に見えます。40倍の低倍率でも花粉の様子がよく写っていますが、これはアサガオの花粉が花粉症の原因とされるスギ花粉など他の花粉と比べて大きいからです（直径100μm以上）。

花粉はほぼ球形をしていて、数多くの小さな突起があります。この突起によって虫の体にくっつき、運ばれやすくなっているのです。

昼にはしぼんでしまうアサガオの花。詳しく観察するには早朝に採取しましょう。

朝顔の仲間

アサガオは、ヒルガオ（114ページ）科サツマイモ属の植物で、日本には奈良時代の終わりに薬用植物として持ち込まれました。その後、花の美しさが注目されて品種改良が盛んに行われ、今では園芸植物として定着しています。

アサガオには、葉や茎にたくさんの細い毛が生えているという特徴もあります。これは、葉や茎を食べてしまう虫の付着を邪魔するのに役立っているといいます。

オシベの内側には花粉がいっぱい。この部分をこするようにしてメシベが伸びるので、アサガオのほとんどの花は自家受粉して種をつくります。

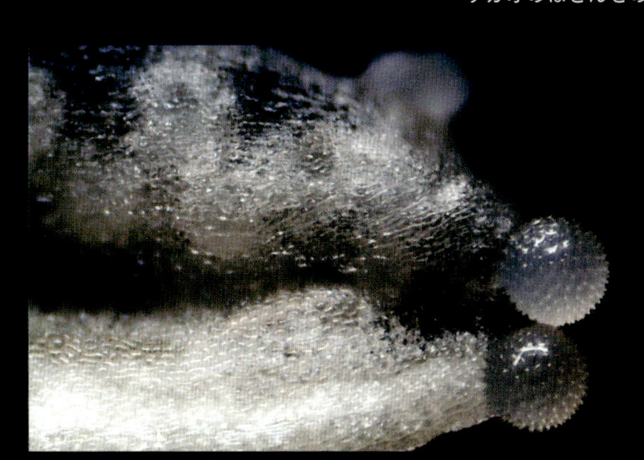

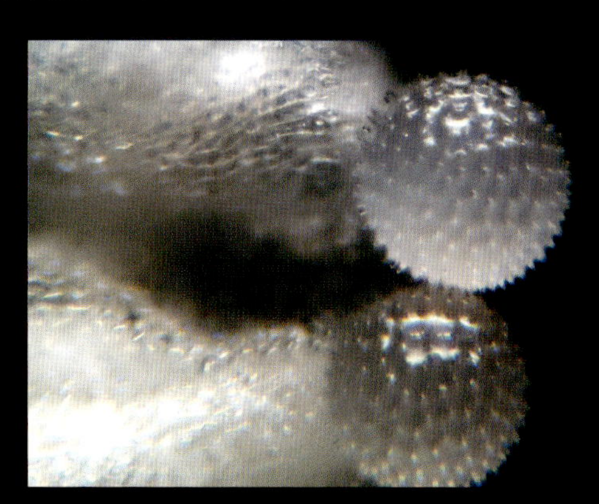

40倍（左）と100倍で見た花粉（右）。40倍視野の短辺が約1mm（＝1000μm）なので、この場合のアサガオ花粉の直径は約185μmとなります、大きい！

こちらはメシベ（花柱）の先、粘り気のある太い突起があり、花粉をくっつけやすくなっています。

成長の盛んな、やわらかいところ（左）には、特に多くの毛が生えていて、虫などの移動を妨げ、食害を防ぐと考えられています（中央、右）。

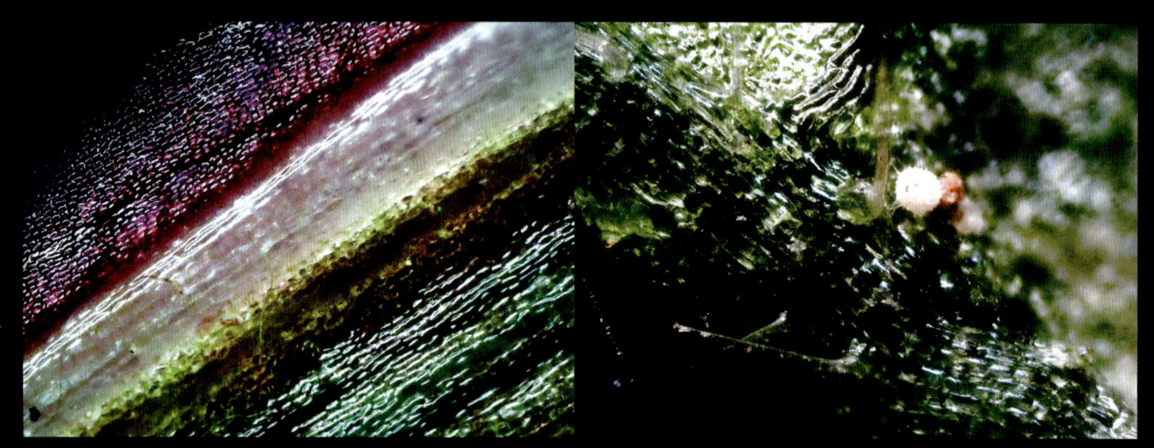

葉の細胞も見えます。葉脈を観察するのも興味深いですね。何かの卵も発見できました。

花の中心部の毛。虫に絡みついて訪花時間を引き伸ばし、花粉運びの効率アップを狙っているのでしょうか？

トキワハゼ

観察適期はほぼ一年中

道端や建物のスキマなど、ちょっとした露地（土が出ている場所）があれば、どこにでも生えてくる雑草の代表種である「ハエドクソウ科サギゴケ属トキワハゼ」。小さくかわいらしい花を咲かせることから意外と人気があります。

トキワハゼによく似た植物に近縁のムラサキゴケがありますが、ムラサキゴケは4～5月に咲きます。早春～冬にかけて花を見かけたらトキワハゼでしょう。あまり季節に関係なく、いつでも見られることから常磐（トキワ）と呼ばれ、熟した実が爆ぜ（ハゼ）て種子を飛ばすことからトキワハゼの名がついています。

◉撮影機材：Celestron 44341
◉照明方法：落射照明＋LED
◉画像処理：深度合成14枚

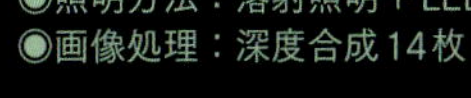

種子が熟すると実がはぜます（写真左）、このことから「ハゼ」の名がつきました。

花の内部の毛に注目

トキワハゼで面白いのは、小さな雑草なのに顕微鏡での見所がたくさんあることです。花は唇形で、小さな上唇の中に１本のメシベと４本のオシベがあります。一方、下唇は幅広で大きくオレンジの模様や凹凸があり、さらにこん棒状の毛まであります。これは小さなハチなど訪花昆虫の足場となるのに適しているのです。

トキワハゼの花。小さな飛翔昆虫にとっては、ヘリポートの進入ガイドに見えるでしょう。

花の下唇には、手前から奥にかけて、こん棒状の毛が密集しています。

このほか、次ページにも見所をたくさん紹介しました。

葉のふちにあるキバ状の構造（右）と、先端が球になった毛（左）。

葉の先端の突起。どうして、このような形なのかは良くわかっていません。

メシベの先端とオシベの葯（写真下）。受粉失敗を避けるため、メシベがオシベを押し分けて伸び自家受粉します。

トキワハゼの種子。温度条件さえ良ければすぐに発芽して成長をはじめます。

ムラサキカタバミのメシベ

◉撮影機材：Celestron 44341
◉照明方法：落射照明＋LED
◉画像処理：深度合成12枚

エイリアンの触手かも

鮮やかな黄色のボンボンが付いた怪しげな赤い棒、魔法に使う秘密の道具か？　はたまた異界の生物の触手か？　新進気鋭作家のアート作品と説明されたら信じてしまいそうな謎の物体は、とある植物の花、それもメシベの先です。

植物の名は、カタバミ科カタバミ属ムラサキカタバミ。江戸時代の末期に観賞用として持ち込まれたものが野生化して、各地に蔓延しています。環境省によって生態系被害防止外来種に指定され、繁殖動向が注意深く調べられているので、ある意味、エイリアン（よそもの、異邦人、異国人といった意味）でもあります。

葉も紫色をしているのは園芸種のオキザリス（カタバミの属名）です。

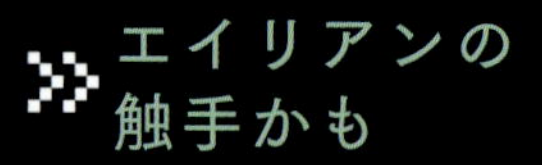

代表的な雑草

ムラサキカタバミは南米が原産ですが、日本の気候ではなぜか種子ができません。通常は、花が咲く頃に、地中茎を伸ばして周囲に鱗茎（球根）をつくり、じわじわと生育範囲を広げます。

しかし、小さな鱗茎からも容易に増えるため、草木を植え替えるときの土に混ざって、離れたところに繁殖するようになりました。

カタバミの仲間はハート型をした3枚の葉をつけます（三出複葉）、その葉を拡大してみました。

オシベの先には花粉もつくられます。

メシベの軸（花柱）を先から花の奥側にさかのぼって行くと……。

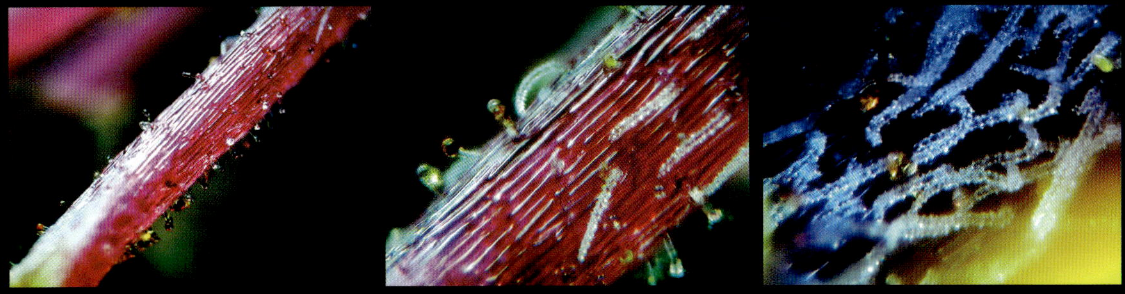

だんだんと粘り気のある毛が増えていきます（上・右100倍）。

トキワマンサクの星状毛

◉撮影機材：Celestron 44341
◉照明方法：落射照明＋LED
◉画像処理：深度合成6枚

攻撃に使う星状毛

植物の葉や茎にある毛はさまざまな役割を持っています。アサガオ（104ページ）の毛は、葉を食う昆虫（幼虫）などの移動を妨げると考えられていますが、もう少し積極的（攻撃的）に防御をする毛もあります。

ここで紹介した「マンサク科トキワマンサク属トキワマンサク」の若い芽や葉には、先が3〜8裂した硬い毛が一面に生えていて、昆虫に突き刺さったり、葉を食うシカなど哺乳類の舌にチクチクと刺激を与えたりして攻撃しているのです。その形が星の光の輝きのように見えることから「星状毛」と言います。

5月頃に白やピンク色の花を咲かせるトキワマンサク、葉はザラザラして見えます。

硬いガラスの毛

トキワマンサクが街路樹や庭木、生垣に採用されることが多いのは、美しい花を咲かせる低木であることに加えて、“虫が付きにくい”ことも関係しているのでしょう。この木の葉を好んで食害するイモムシやケムシは知られていませんし、葉の汁を吸うアブラムシ（160ページ）もほとんど見かけません（ただし、ほとんど移動しないカイガラムシが発生したり、うどんこ病にかかったりします）。

星状毛は、人の皮膚にも突き刺さるので、触れたところがチクチクしてかぶれることもあります。

この星状毛が、ガラスのように見えるのももっともで、植物ガラスと呼ばれるシリカ成分を多く含んでいて、ガラス並みにとても硬いのです。

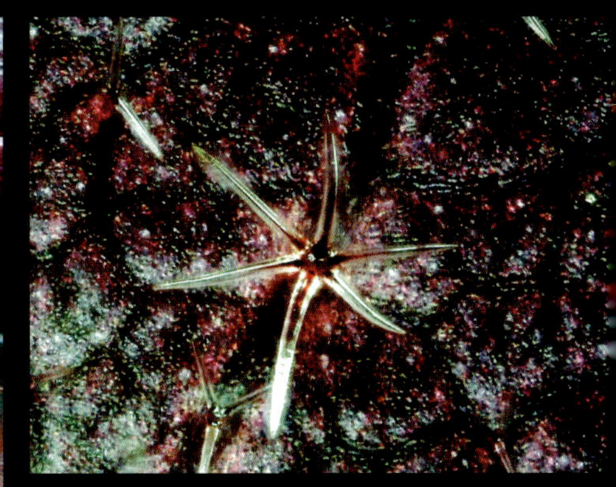

食害するイモムシやケムシは知られていませんし、アブラムシ（160ページ）も見かけません。

40倍（左）および100倍（右）で観察・撮影、まるでサボテンのように見えますね。

もし、水に命が宿ったら

ヒルガオのオシベ、メシベ

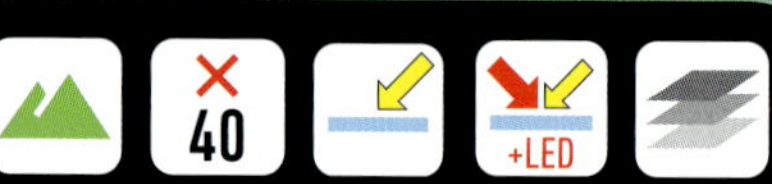

◉撮影機材：DMS500
◉照明方法：落射照明＋LED
◉画像処理：深度合成9枚ほか

生きている水のよう

花だけを見ているとアサガオと区別するのが難しいヒルガオ（昼顔）、アサガオと近種ですが、こちらはヒルガオ科ヒルガオ属ヒルガオ。科という大きな分類を代表する種でもあります。

早朝に咲き昼前にはしぼむアサガオと違って、同じように朝咲きますが夜まで長く咲いているのがヒルガオです（同じ仲間に、夕方から咲くヨルガオもあります）。

上の大写真は、ヒルガオの花粉（左上）とオシベの柄（下）、メシベの先（右上）を40倍で観察したもの。オシベの柄から出ている透明で短い毛が、なまめかしく見えています。

ヒルガオは繁殖力が強く、アスファルトの隙間などからでも元気に生えてきます

雑草認定される理由

アサガオは古くからの園芸移入種ですが、ヒルガオは国内に自生しています（在来種）。学名もCalystegia japonica（日本のヒルガオ）となっていて、もとは日本にしかなかった固有種との説もあります。しかし、繁殖力が旺盛で畑などにも侵略的に蔓延するため、駆除の難しい雑草として嫌われているのです。

秋から冬に地上部が枯れても安心できません。地下茎はしっかり越冬します（多年草）。

アサガオに良く似た花を咲かせますが、花色はピンク色だけです。

オシベの先の葯には花粉がいっぱい！

照明を変えて100倍で観察。ヒルガオの花粉にはトゲが無く、円形の窪みがいくつかあります。

オシベの柄に透明な毛が見えるのは、採取してすぐのとき（左）。1日経つと乾燥して縮んでしまいます（右）。

深海のクラゲ？

セイタカアワダチソウ種子

◉撮影機材：Celestron 44341
◉照明方法：落射照明＋LED
◉画像処理：パノラマ合成７枚

わるもの扱いされた植物

「キク科アキノキリンソウ属セイタカアワダチソウ」は、①北アメリカ原産の外来種であること、②高度成長期時代に空き地や荒地、休耕田などに大繁殖したこと、などから、当時、患者が増えていた秋の花粉症の原因と誤解され、たいそう嫌われました。

しかしセイタカアワダチソウは、虫によって花粉が運ばれる虫媒花のため、風が吹いたぐらいでは花粉は飛散しません。秋の花粉症の原因は、同時期に増えた風で花粉が運ばれる風媒花の「ブタクサ」だったのです（ブタクサと、セイタカアワダチソウは違う種類の植物です）。

種子を実らせたセイタカアワダチソウ。泡立っているように見えることから名がつきました。

アレロパシーが自身も抑制

セイタカアワダチソウには、他の植物の生育を抑える化学物質を根から出すアレロパシー性があります。そのため生態系を破壊するとして警戒されていました（日本の侵略的外来種ワースト100)。しかし、土壌に溜まったアレロパシー物質は、やがて自分自身の生育も阻害します。荒地に侵入し最初の２～３年は大繁殖しますが、その後は他の雑草に埋もれて見かけなくなります。その結果、現代は衰え気味になりました。

開花時。栄養状態が良ければ草高は２ｍを超えます、これがセイタカの由来。

花は筒状花（下）がほとんどですが、下の写真のように花弁の長い舌状花がまばらにつきます。

虫が花粉を運ぶ虫媒花ですが、オシベを押しのけてメシベが伸びる自家受粉の仕組みも持っています。

筒状花全体（左）と冠毛の拡大（下）。花の段階から、種子を風に乗せる冠毛が用意されています。

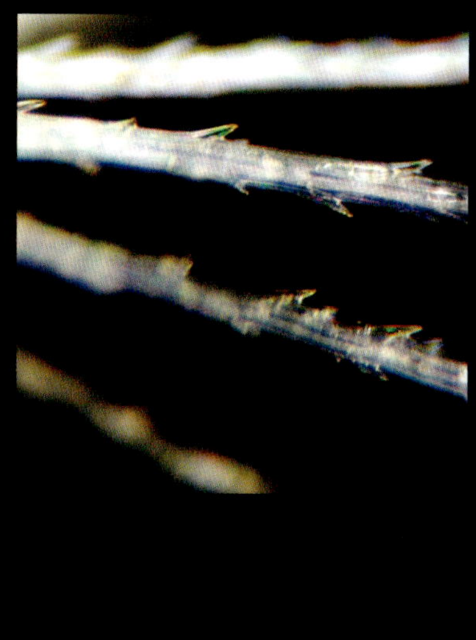

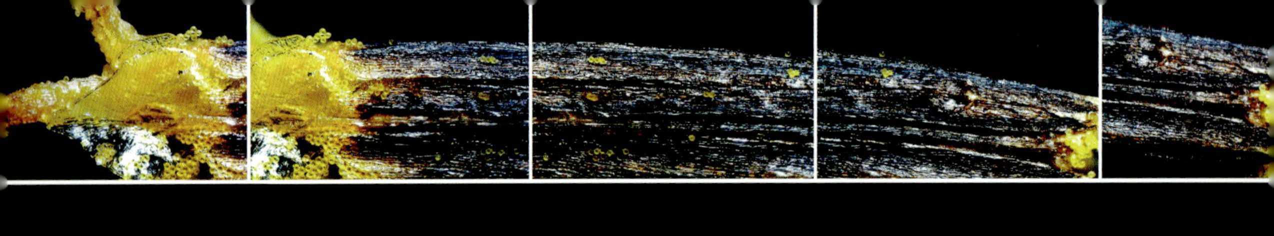

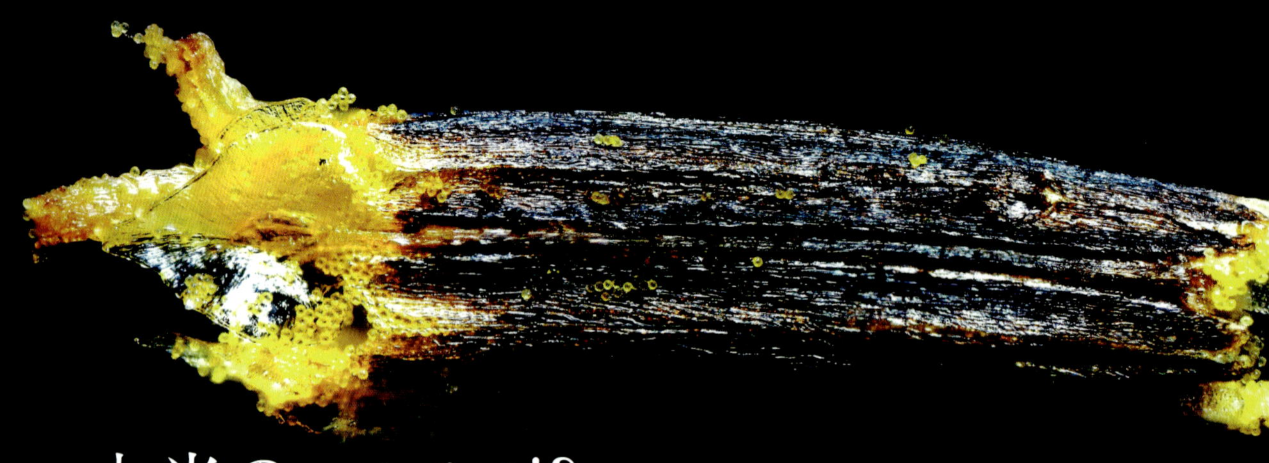

本当のコスモス!?

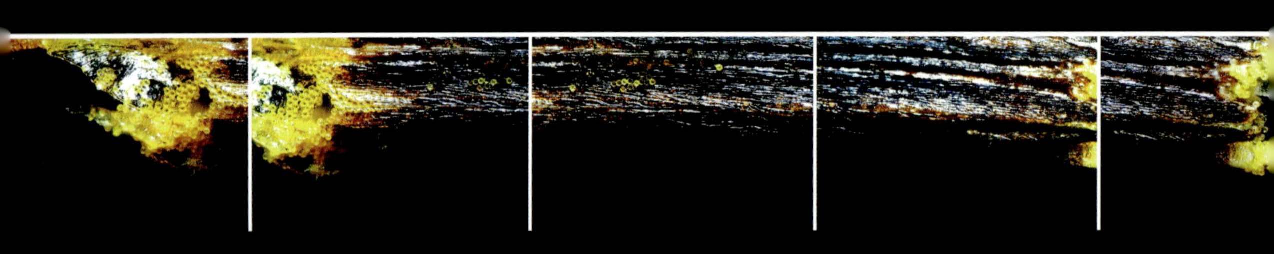

コスモス花糸筒

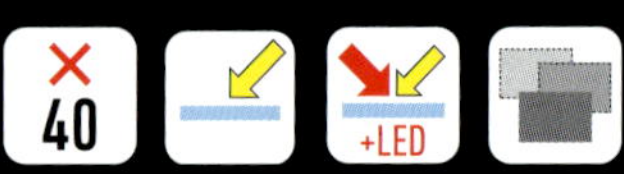

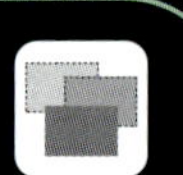

◉撮影機材：Celestron 44341
◉照明方法：落射照明＋LED
◉画像処理：パノラマ合成10枚

コスモス＝秋桜ですが……？

コスモス。日本では秋に咲く花として有名ですが、これはコスモス属植物の一般的な呼称です。正式にはキク科コスモス属オオハルシャギクといい、原産地のメキシコでは“春に咲く車輪のように見える大輪の菊”の意味です。

花に見えるのは小さな花が多数集まった頭状花。大きな花弁を持つ舌状花が外周に、筒状花が中心に集まっています。上の写真は、筒状花の中にある花糸筒（オシベとメシベ）を10パートに分け、それぞれで10〜15枚撮って深度合成。その後、パノラマ合成手法で一枚につなぎ合わせたもの。左側が頭状花の上面です。

コスモス（オオハルシャギク）の本来の花色は桃色。他の花色は品種改良で作られました。

花粉でわかる 風媒か虫媒か

右の写真のように、コスモスのオシベの先端を見ると大量の花粉がついています。アサガオの巨大な花粉（104ページ）と比べると小さく、直径は30μm前後。表面に突起があることから、本来は虫の体にくっついて運ばれる虫媒花粉ですが、小さく軽いために強い風が吹くと飛ばされることもあります。風によって運ばれる風媒花粉は、より小さくあまり凹凸がありません。

筒状花の花弁から、先端に花粉をたっぷり付けた褐色の花糸筒が突き出しています。

メシベに付着した花粉（左）と、オシベの先にある花粉（右）。

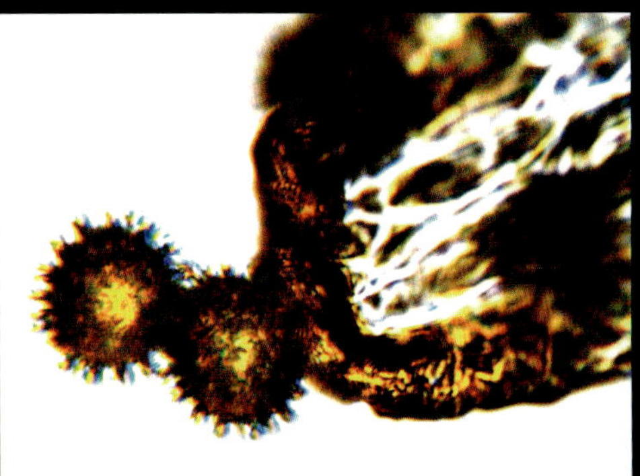

透過照明400倍と落射照明の40倍、花粉は秋の乾燥した強風で飛ばされることもあり、コスモス花粉症の原因にもなっています。

毛織物の表面？

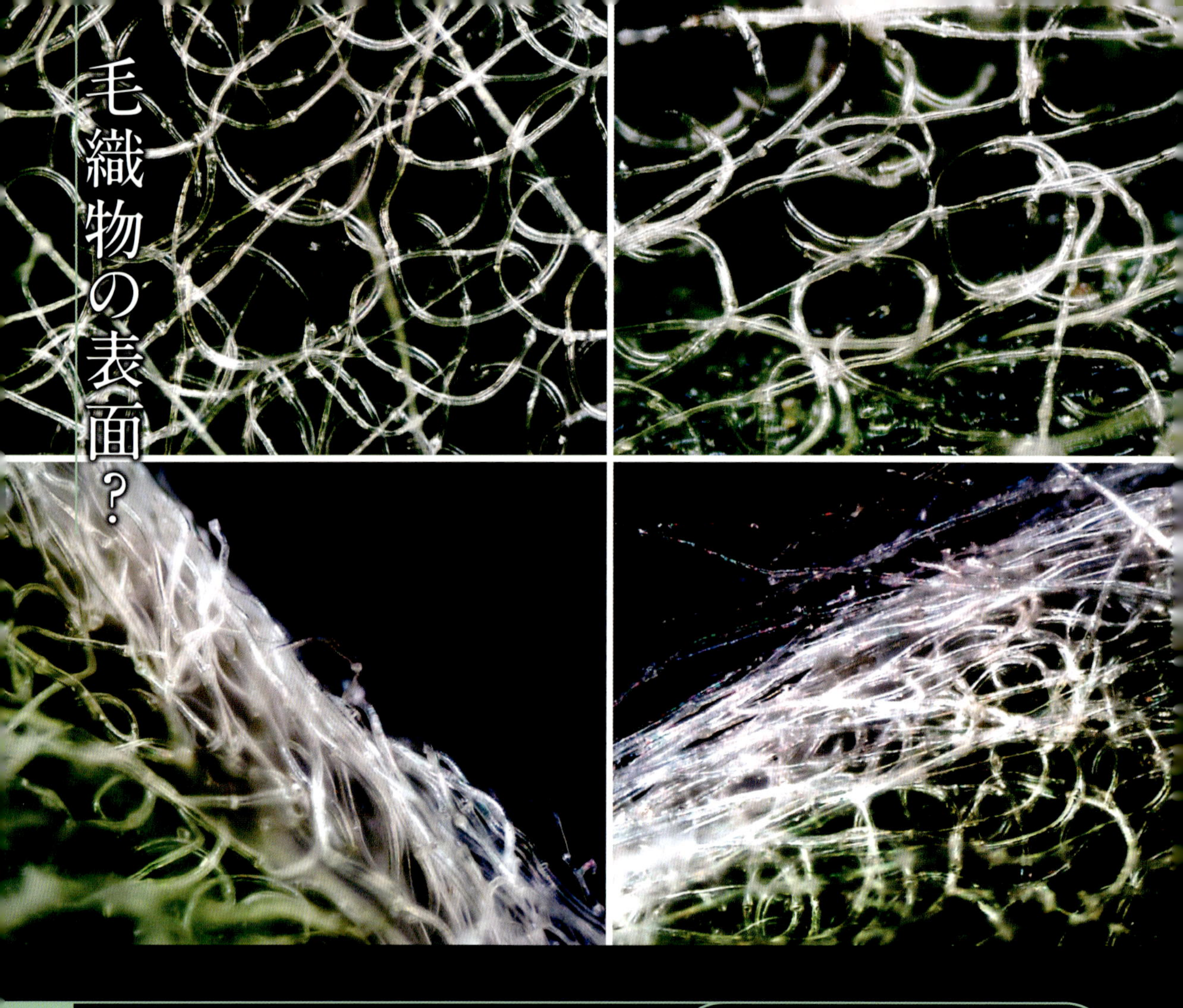

スイセンノウの葉

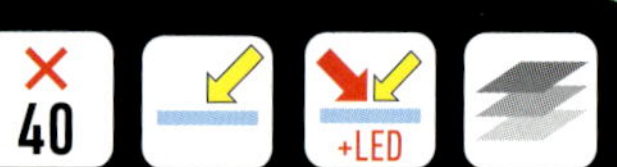

◉撮影機材：Celestron 44341
◉照明方法：落射照明＋LED
◉画像処理：深度合成5枚ほか

規則正しい織り目

初夏に鮮烈な赤い花を咲かせるナデシコ科センノウ属スイセンノウ（酔仙翁）。南ヨーロッパ原産で、江戸時代の終わりに園芸・観賞用として日本に持ち込まれたため、学名をそのまま発音したリクニス・コロナリアの名もあります。

そしてもうひとつの通り名が「フランネル草」、フランネルとは薄手の毛織物のことで、この植物の葉の触り心地が、フランネルと似ていることから呼ばれるようになりました。スイセンノウの葉の裏表には長くやわらかい毛が一面に、しかも規則正しく生えているのです。花がなくても葉の特徴だけで見分けられますね。

寒さの中でも芽を出し生育しています。霜（氷）などが直接、葉に触れないのが良いのでしょう。

寒さをしのぐ毛

今まで紹介してきた植物の葉に生える毛は、虫や動物からの防御と思われるものでした。ほかにも、強い日差しを和らげる目的の毛、寒さから身を守るための毛などがあります。

スイセンノウの葉の毛は、どちらかというと防寒の役割が強いようです。園芸品種だったものが野外に逸脱して野生化してしまったのも、日本の真冬の寒さに耐えられるからでしょう。

一枚だけ葉を採取し、顕微鏡で覗いてみました。

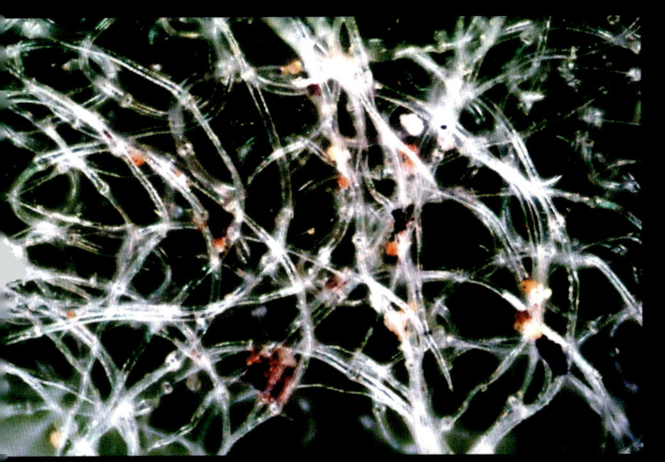

地面に付いても、土などが葉に直接触れないことで病原体の感染も防止できます。

生きたハダニを発見。しかし、毛が邪魔して葉表面にたどり着けないようです。

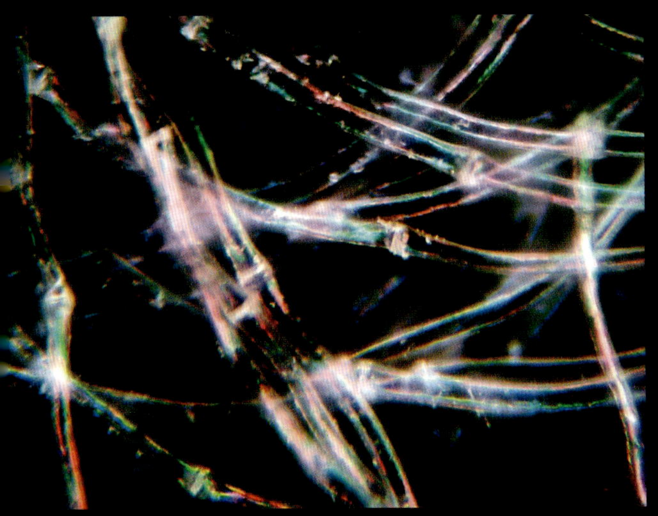

400倍、透過照明で観察。毛は中空構造で熱を伝えにくくなっているようです。

100倍で観察。いくつもの植物細胞が連なって長い毛になっています。

ハートでくっつく！

センダングサの仲間

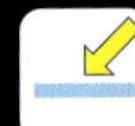

◉撮影機材：Celestron 44341
◉照明方法：落射照明
◉画像処理：深度合成、パノラマ合成

花が目立たなくても良い理由

タンポポやヒマワリなど、キク科の植物の"花"には、筒状花と舌状花の両方を持つ頭状花（集合花）を咲かせるという特徴があります。しかしその中には、舌状花を無くして筒状花だけを咲かせるものもあります。

国内で雑草としてはびこる「キク科センダングサ属コセンダングサ」もそのひとつ。その筒状花から、伸びようとしているメシベの姿を観察・撮影したのが上の大写真です。舌状花は、花粉を運んでくれる虫のための目印。メシベがオシベを押しのけるときに受粉するので、舌状花が無く目立たなくても良いのでしょうか？

近縁種と交雑した結果、コセンダングサが大きな舌状花をつけることもあります。

「ひっつき虫」で有名

同じキク科のタンポポなどは、綿毛（冠毛）で風に乗って種子を広くまく風散布ですが、センダングサの実（痩果）は、2本のトゲで動物の体にくっついて移動する動物散布の方法を採用しています。秋に草むらを歩くと、セーターやズボンにくっついてくる「ひっつき虫」の代表、人間も種子散布に使われているのです。

舌状花のないコセンダングサ。こちらが種としての本来の頭状花の姿？

果実（種子）の突起には、多数の小トゲがあって動物や衣服にくっつきます。

筒状花の全体像（右）と、メシベが伸びきったところ（上)。メシベの先には多数の花粉が付いています。

舌状花の花弁にくっついた花粉。虫媒花としての性質（花粉の粘り気）もあります。

不幸な名前……。

ハキダメギク

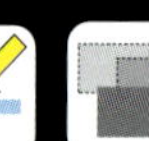

◉撮影機材：Celestron 44341
◉照明方法：落射照明
◉画像処理：パノラマ合成

小さいけれど大拡散

およそ100年ほど前、大正時代に東京の世田谷で発見されたアメリカ原産の移入植物です。最初に見つかった場所が“掃き溜め”だったために「キク科コゴメギク属ハキダメギク」という不名誉な和名が付きました。

王冠のように見える小さく可憐な花を咲かせますが、その名の通り、ちょっとした掃き溜めにも生えてくるほど繁殖力が旺盛です。あっというまに全国に広がり、いたるところで見られる雑草の代表格になってしまいました。その繁殖力の秘密を顕微鏡で探ってみましょう。新たな発見があるかも知れません。

ハキダメギクは小さい雑草ですが、花弁の形からすぐに見分けがつきますね。

腺毛がいっぱい

花が咲く時期は5月～10月。左ページの大写真のように弁状花の花弁の形が独特なので、探せばすぐに見つかるでしょう。よく似た近縁種にコゴメギクがありますが、葉や茎を触ったときにネバネバするように感じたらハキダメギクです。このネバネバ、葉や茎にたくさんの腺毛があるからです（下の写真）。もしかしたら、種が熟す前に、植物体ごとネバネバで何かにくっついて移動し、そこで種子を散布しているのでしょうか？

筒状花の全体像。熟すと羽根のような冠毛が風を受けて広がる風散布種子です。

筒状花の花弁（歯）は5枚です。

筒状花の先には花弁がありますが、あまりに小さいので“歯”と表現します。

腺毛の先に粘液を分泌しています。植物ごと何かにくっついて移動・拡散するのかも？

機械化惑星

シソ(エゴマ)

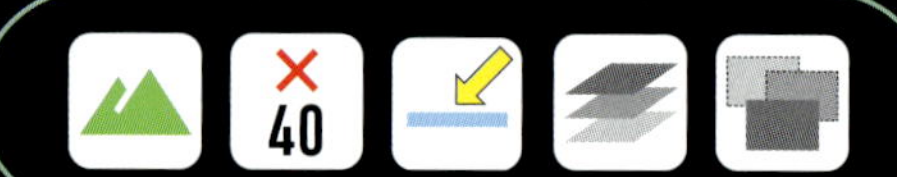

◉撮影機材：Celestron 44341
◉照明方法：落射照明
◉画像処理：深度合成、パノラマ合成

エゴマかシソか？

おなじみの植物なのですが、その種子を目にする機会はあまりないでしょう。上の写真は、シソ科シソ属エゴマの種子です。エゴマといってもピンッときませんよね。本当は、エゴマではなくシソ（紫蘇）のタネなのでした。

お刺身に添えられたり、寿司に使われたりする「大葉」の葉は緑色、梅干しなどの着色に使われる「赤紫蘇」の葉は赤紫色をしていて、一般的にはこれらを“シソ”と呼んでいます。しかし、植物の分類では大葉も赤紫蘇も、すべてエゴマという種の変種として扱うのです（同じ種の変種同士は交配が可能です）。

シソの種子外皮は硬く、鳥が食べても排泄されるために分布を広げ、雑草化が進んでいます。

多数の腺毛を持つ

シソでぜひとも観察してほしいのは「腺毛」です。腺毛の“腺”は何かを分泌する組織のこと。シソには、独特の臭気（ペリルアルデヒドという物質）がありますが、それを分泌しているのが、葉や茎にたくさんある腺毛なのです。ハーブ類の植物は多くが腺毛を持ちますが、中でもシソの腺毛は先端の袋状の分泌細胞が発達していて、黄色い球に見えます。

関東では、夏に花を咲かせます。つぼみや花の穂も食用になりますし、未熟な実もてんぷらなどで食されます。

茎や芽には先のとがった毛もあり、表面近くには先が丸くなった腺毛もあります。

茎の腺毛とはちがって、葉にある腺毛は葉肉に埋まるようにして点在しています（上40倍、下100倍）。

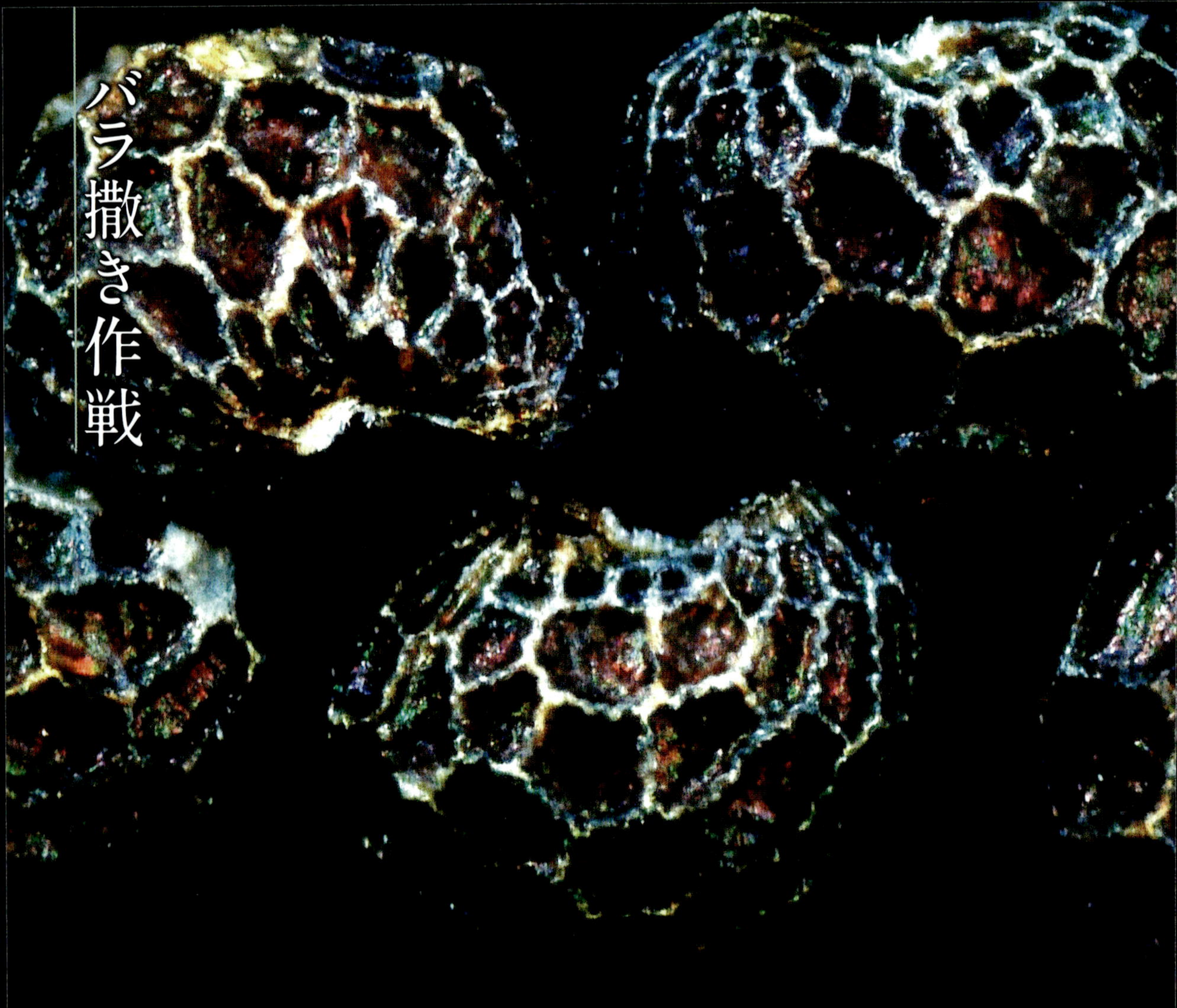

バラ撒き作戦

ナガミヒナゲシ

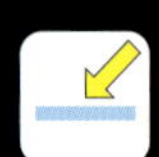

◉撮影機材：Celestron 44341
◉照明方法：落射照明
◉画像処理：パノラマ合成

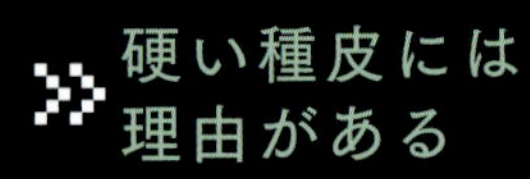

硬い種皮には理由がある

4月のはじめから5月にかけて、主要道路の脇や公園の片隅、空き地などでオレンジ色の花が風に揺れているのを見たことがあるでしょう。近年、急速に分布域を広げている「ケシ科ケシ属ナガミヒナゲシ」が、それです。

誰かが観賞用に育てているかのように道路脇に密生するのは、ナガミヒナゲシの種子が車のタイヤや人の靴裏などにくっついて移動し、離れた道路沿いなど、人の目につきやすい場所で落ちて繁殖するからです。これには、上の写真のように種子の種皮が厚くて硬く乾燥や低温に耐えることが関係しています。

ナガミヒナゲシの花。見た目が美しく、鑑賞にたえるのも蔓延させてしまった要因でしょう。

具体的なる害はあるの？

ナガミヒナゲシは、旺盛な繁殖力や、根から出す化学物質で他の植物の生育を抑えるアレロパシー性などから、「生態系に危険な植物？」と警戒されることがあります。しかし、今のところ実害は報告されていません。他の植物が生えない、コンクリート近くの強アルカリ性土壌を好むため、突然に繁殖して驚かれるのです。

庭などに生えてきて邪魔に感じたら、区別しやすい花の時期に手袋などをして（草や茎から出る乳液には毒性があります）、株ごと抜いて廃棄しましょう。

花が終わり実をつけた状態。他のケシよりも実が縦に“長い”ことから、長実ヒナゲシと名付けられました。

ひとつの実の中に1000～2000個の種子が入っていて、風が吹くと実がゆれてこぼれ出します。

種子を顕微鏡で観察（左40倍、右100倍）。網目状のシワが籠のように強度を保ち、薄いロウ状の膜が乾燥からも種子を守ります。

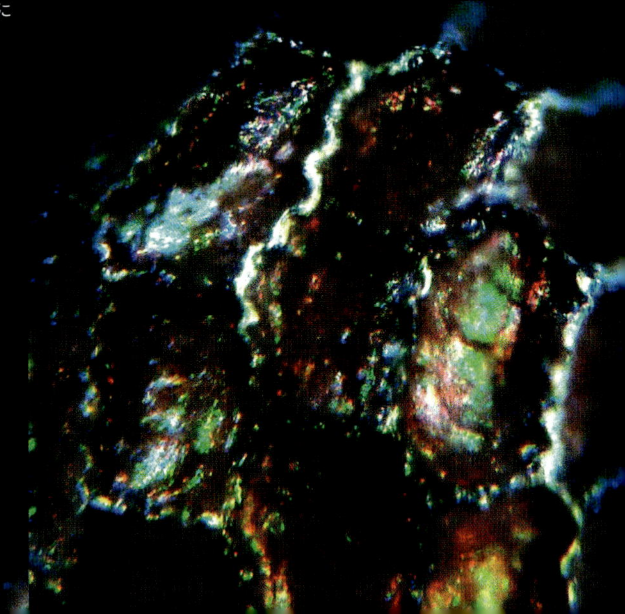

直線・らせん・波

ツワブキ

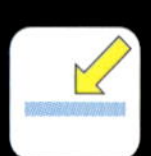
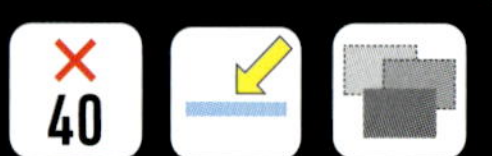

◉撮影機材：Celestron 44341
◉照明方法：落射照明
◉画像処理：パノラマ合成ほか

冬に咲くヒマワリ？

右の写真を撮影したのは11月の終わり頃、ヒートアイランド現象のある東京とはいえ、さすがに冬です。そのような寒い時期にヒマワリのような花を咲かせるのが「キク科ツワブキ属ツワブキ」。冬になっても葉が青々としている常緑多年草です。そのツワブキの筒状花から、オシベとメシベを撮影したのが上の大写真です。

花の時期から種子（になる部分）には長い冠毛が発達していて、熟するとタンポポの綿毛のように風に乗って長距離を移動し、拡散します。著者宅のようなちょうど風溜りになっている建物脇にもいつの間にか生えてきました。

庭のスミから生えてきたツワブキ。風散布種子の植物は、吹き溜まりから良く生えてきます。

植物のリスク・マネジメント

冬に咲くツワブキの花には、虫がいなくても自家受粉で子孫を残せるよう、一種の安全装置が組み込まれています。それが、オシベ（花粉）を押しのけながらメシベが伸びる仕組み。その際にも受粉が成立しています。

顕微鏡で漫然と自然の芸術を楽しむのも良いものですが、しっかり観察することで植物の静かな生存戦略も見えてきます。

ツワブキ頭花の中心部（上）と、筒状花から伸びたメシベ（下）。

花粉の詰まったオシベの葯の中からメシベ（花柱）が出てきます。

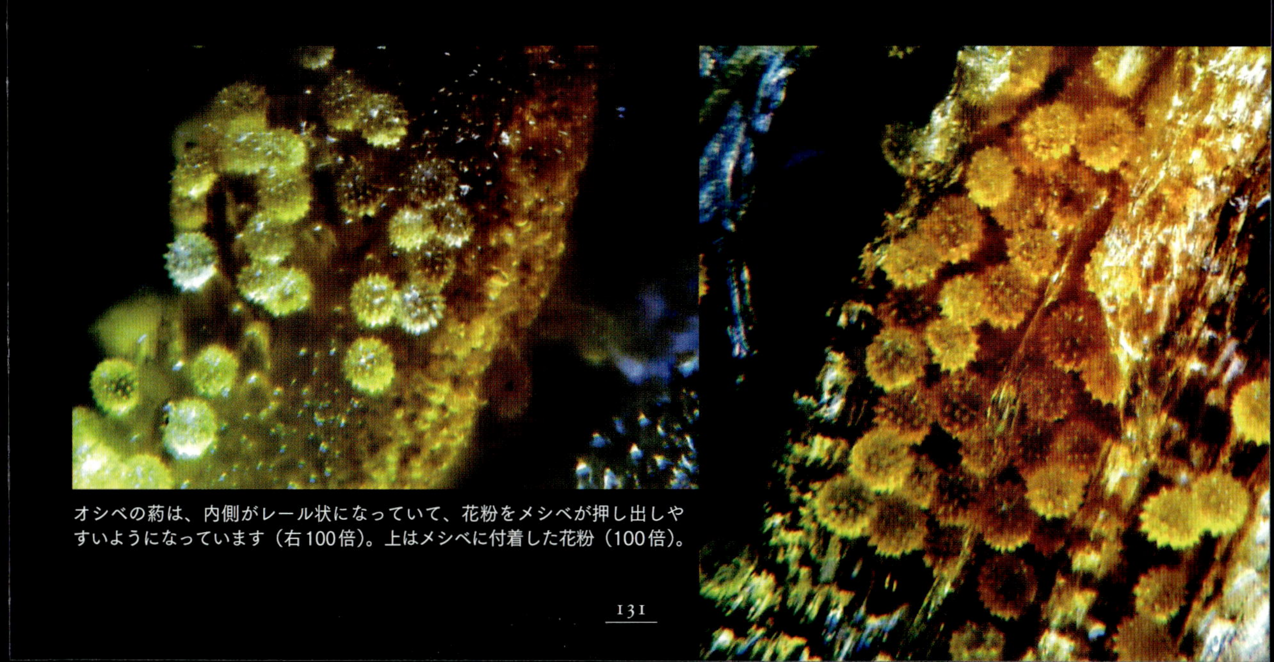

オシベの葯は、内側がレール状になっていて、花粉をメシベが押し出しやすいようになっています（右100倍）。上はメシベに付着した花粉（100倍）。

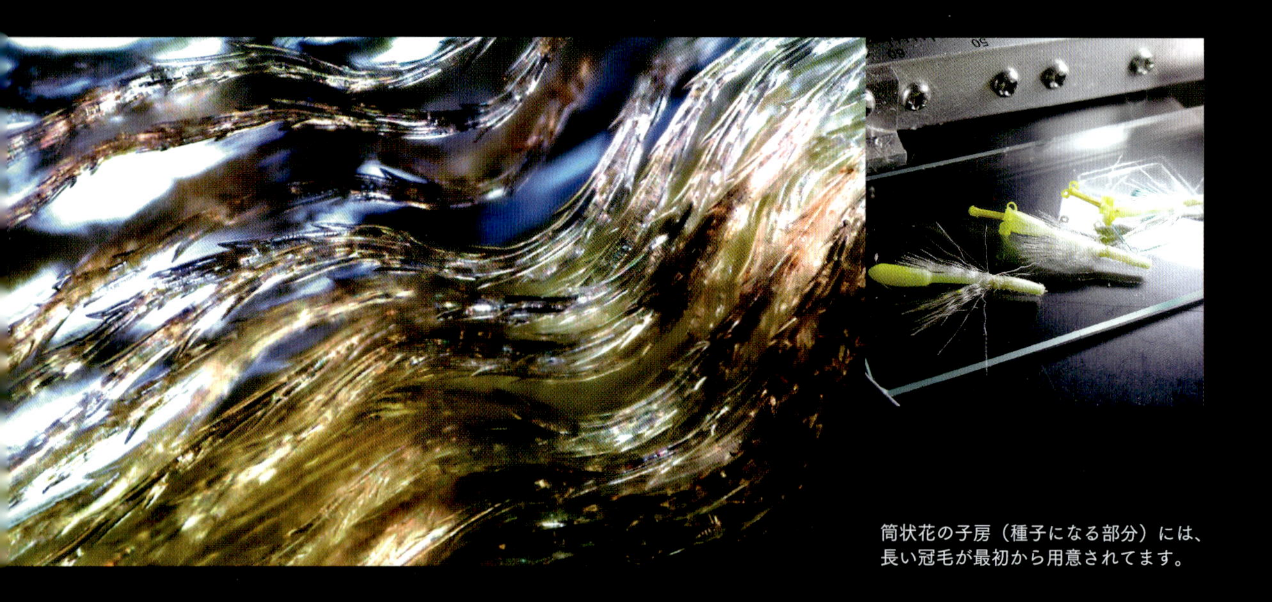

筒状花の子房（種子になる部分）には、
長い冠毛が最初から用意されてます。

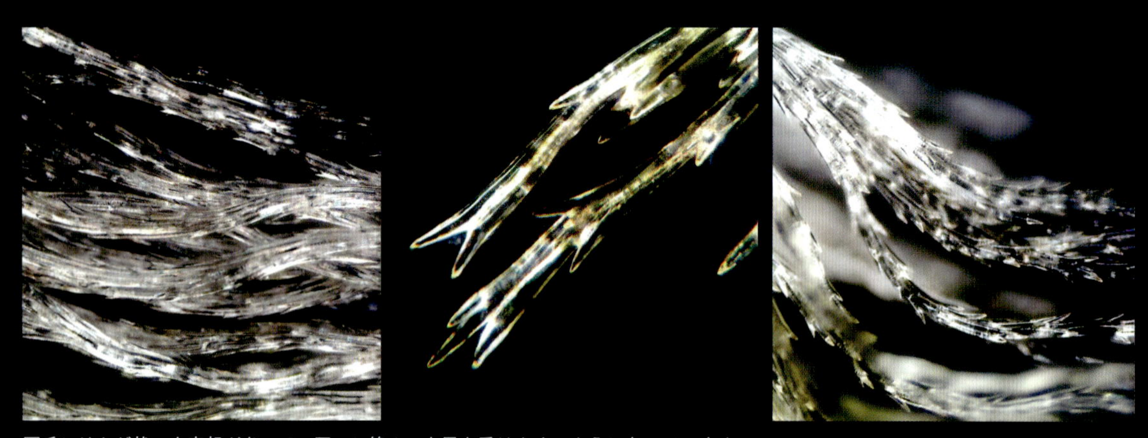

冠毛にはトゲ状の小突起があって、互いに絡みつき風を受けやすいようになっています。

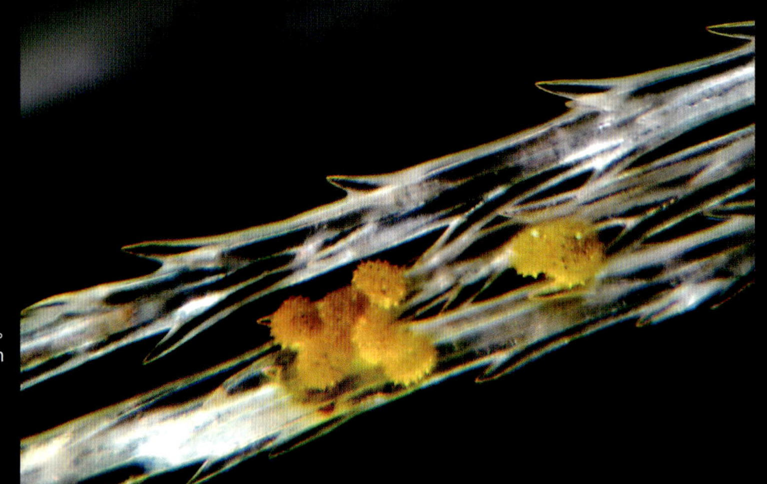

ツワブキ花粉の直径は50μm前後。
このことから冠毛の太さも100μm
前後だとわかります。

新作のキャンディ

サザンカのオシベ

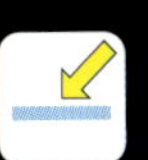

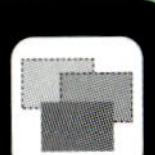

マシュマロ・サンドクッキーかも？

砂糖粒でデコレーションされた新作のポップキャンディのように見えますね。その正体は、晩秋から初冬に咲く「ツバキ科ツバキ属サザンカ」のオシベ（葯と花粉）です。ピンセットを使って花から直接採取しました。

このオシベに注目すると、サザンカと良く似たツバキを区別できます。サザンカは虫が花粉を運ぶ虫媒花、ハチなどがどこから来ても良いように、個々のオシベは分離し、広がっています。一方のツバキは鳥が花粉を媒介する鳥媒花、鳥が頭部を花の中に突っ込みやすいよう、オシベは根元がくっついて筒状になっているのです。

◉撮影機材：Celestron 44341
◉照明方法：落射照明
◉画像処理：深度合成、パノラマ合成

寒さの中、虫の栄養源となるサザンカの花粉。オシベ数本をそっと採取し、観察しました。

コミカンソウ

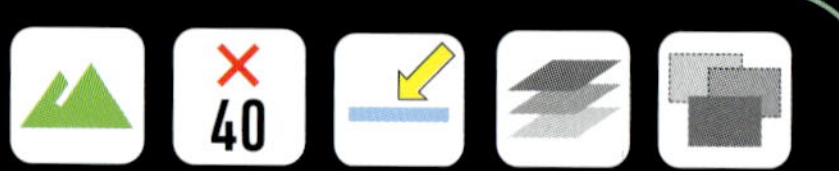

◉撮影機材：Celestron 44341
◉照明方法：落射照明
◉画像処理：深度合成、パノラマ合成

マメだと思ったらミカン

庭の片隅から、オジギソウの葉（羽状複葉）のような葉っぱが出てきました。小さな葉が行儀よく二列に並んでいます。マメ科の植物かと思っていたのですが、秋になると小さくかわいらしい実が並んでいました。いろいろ調べると「コミカンソウ科のコミカンソウ」。花は非常に小さく地味とのことで、実がついてはじめてマメ科と見分けがついたのも道理です。

コミカンソウ（小蜜柑草）は日本に自生（有史以前に帰化）している野草で、キツネノチャブクロ（狐茶袋）の別名もあります。そのミカンのように見える実を見たのが上の大写真でした。

いつの間にか生えてきたコミカンソウ。羽状複葉のようですが小葉は左右交互についています。

以前はトウダイグサ科に分類

植物の分類で、コミカンソウの含まれるコミカンソウ属には800種もの植物があります。草のもの、つる性、水草、多肉植物もあり多様で、実が食用になる木もあります（漢方の余甘子として知られています）。上位のコミカンソウ科にいたっては56属1700種が含まれます。これはバラ科（90属2500種）に匹敵する大きなグループなのです。その代表が、道端に生える野草のコミカンソウというのが面白いですね。

葉枝の下側にミカンのように見える小さな実が並ぶことからコミカンソウと命名されました。

実にある花の跡。コミカンソウの花に花弁（花びら）はなく、メシベ（またはオシベ）だけがあります。

直径1mmほどの未熟な実の全体像。実を包んでいるのはガクです。

葉の水滴（直径0.1mmほど）、深度合成を使わないほうが立体感が出る場合もあります。

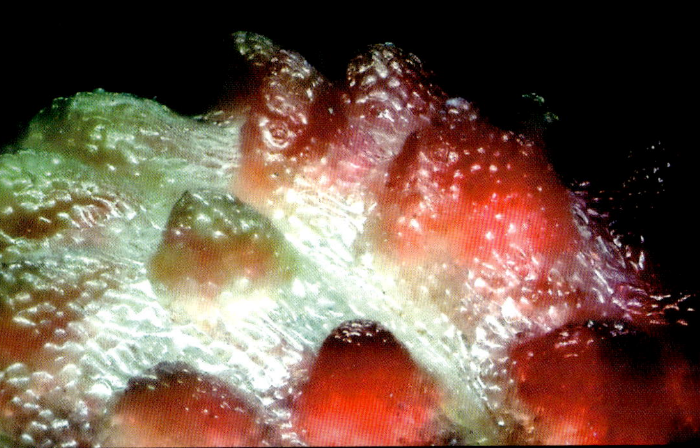

果実の表面にはイチゴのような突起があり、熟すと弾けて中にある多数の種子がこぼれ出ます。

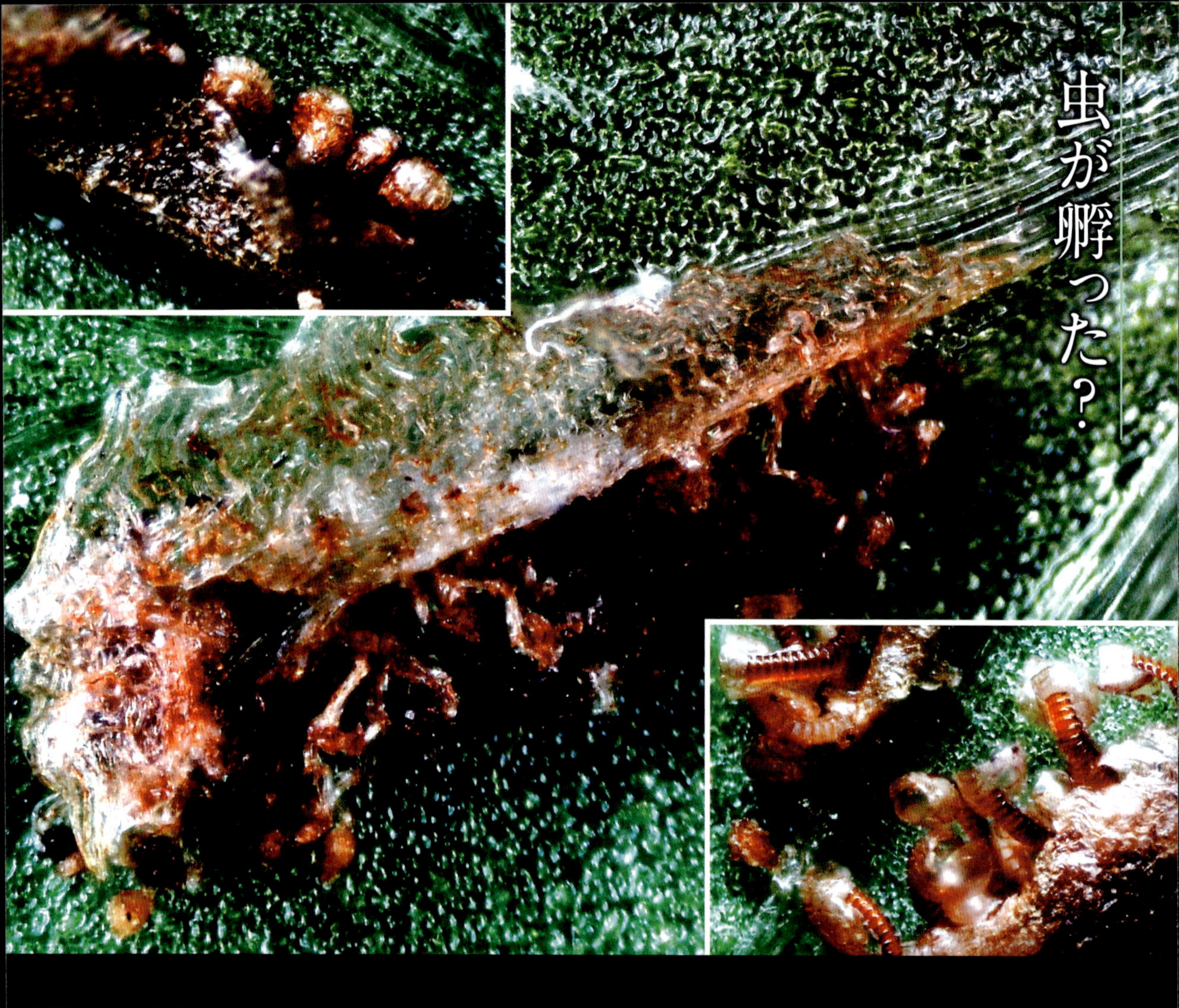

イヌワラビ

◉撮影機材：Celestron 44341
◉照明方法：落射照明
◉画像処理：パノラマ合成

植物の繁殖なんです！

代表的なシダ植物として、中学校理科の教科書に掲載される機会が多いのが「イワデンダ科メシダ属イヌワラビ」です。典型的なシダ植物の葉の形をしていて、日本の各地に普通に生育しているからでしょう。なお、イヌワラビは、山菜として珍重される“ワラビ”とは違って食べられません（植物名のイヌには、役に立たない、という意味があります）。

シダ植物は、種子ではなく胞子で増えるために花や実を付けませんが、代わりに「胞子のう（嚢）」を作ります。ここでは、イヌワラビの胞子のうを観察・撮影してみました（上の大写真）。

イヌワラビ。個体変異が大きく葉の外見だけでは近縁種との区別が難しいことがあります。

シダ植物の生殖

イヌワラビは、7月から10月にかけて葉の裏側に、胞子のうの集合体である「胞子のう群」を作ります。その中の胞子のうに胞子をため、秋になると胞子のうを伸ばして胞子を放出します。その様子を下の写真にまとめました。胞子は生殖体（前葉体）をつくり、そこで卵細胞と精子が受精し、幼シダになって成長します。

葉裏の胞子のう群、胞子のう群の付き方や形なども、シダを見分ける助けになります。

厚みのある円盤状の胞子のう（下）は、乾燥すると中の胞子を弾き飛ばします（右）

胞子のう外周にある背骨状の構造がバネのように動くのです。

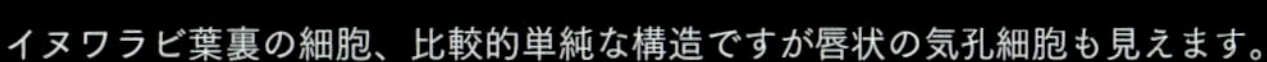

イヌワラビ葉裏の細胞、比較的単純な構造ですが唇状の気孔細胞も見えます。

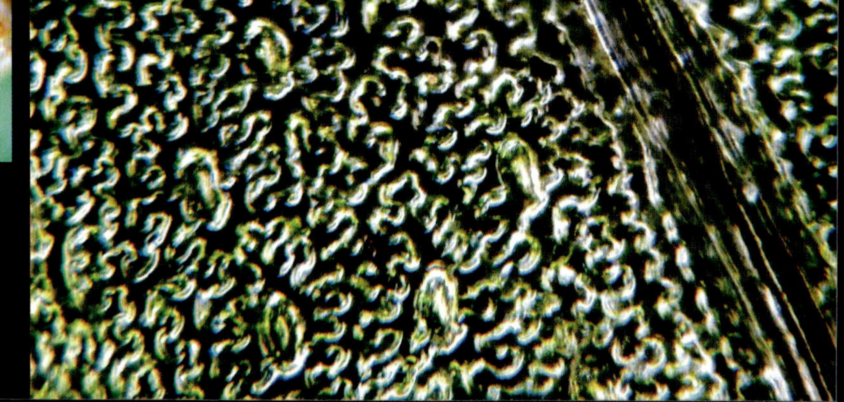

うどんこ病

◉撮影機材：Celestron 44341
◉照明方法：落射照明
◉画像処理：深度合成８枚

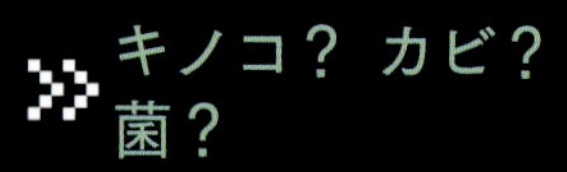

キノコ？ カビ？ 菌？

植物の葉が、うどん粉（小麦粉）を振りかけたように白くなる病気を“うどんこ病”と呼びます。これは特定の子のう菌が寄生し、カビ状の菌糸を伸ばした状態です。

子のう菌とは、「子のう」という器官の中で胞子をつくるグループで、食品発酵に使われる酵母（酵母菌）や、カビ（アオカビなど）、キノコの一部（トリュフなど）などがあります。うどんこ病の原因菌は、ウドンコカビ科に属するいくつかの種です。いずれも秋から冬になると子実体（子のうの入った子のう殻）をつくりますが、その様子を顕微鏡で捉えたのが上の大写真なのです。

サルスベリの葉に感染したうどんこ病。菌種によって感染しやすい植物が決まっています。

見分けるカギは付属糸

うどんこ病の子のう殻が成熟すると乳白色→黄色→オレンジ色→黒と変化し、子のう殻の外周に複雑な形をした毛（付属糸）を伸ばします。種によって付属糸の形が決まっているため、成熟した子のう殻を観察することで分類できます。植物の病害虫に、こんなに美味しそうな風景が隠れているとは思ってもいませんでした。

ここではブドウ科の植物に感染するエリシフェ属のうどんこ病を観察・撮影しました。

葉裏をよく探すと成熟段階の異なる（色の違う）子のう殻が見つかりました。

成熟すると付属糸を伸ばし始めます（右）。付属糸の先は、種特有の複雑な形になります（上）。

Column　広い範囲を撮る

パノラマ合成する

小さなものを大きく見せるのが顕微鏡です。本書で主に使っているセレストロンのデジタル顕微鏡の場合、40倍の時に見える（撮影できる）のは縦1.0mm×横1.3mmの範囲です。それよりも大きなものは1枚の写真には収まらず、はみ出してしまいます。

そこで活用したいのが、複数枚の写真を重ね、被写体のすべてを漏れなく大きな1枚の写真にまとめる「パノラマ合成」または「モザイク合成」と呼ばれる手法です。写真技術として従来からあった方法ですが、デジタル技術が発展したことで容易になりました。近年のデジタルカメラにも機能が内蔵され、パソコン用ソフトもあります。ここでは、パノラマ合成写真を撮る方法と、ソフトの使い方、実例を紹介します。

植物の芽生えをパノラマ合成で1枚にしました。顕微鏡の40倍で見える（撮れる）のは、葉の一部分だけです。

◉各部を撮って深度合成

1枚の写真にしたいなら、各部を漏れなく撮影します。立体物の場合は全面的にピントが合っているほうが良いので、パートごとに前もって深度合成しておきましょう。

◉メカニカルステージを活用

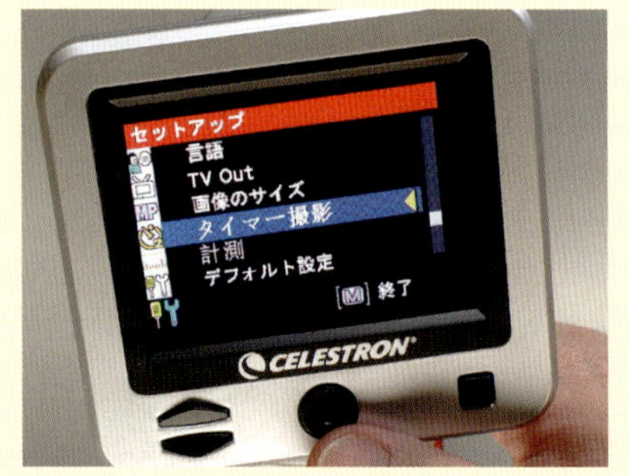

メカニカルステージを使って、横方向（X軸）、縦方向（Y軸）のそれぞれを少しずつ動かしながら、順番に撮っていきます。このときも「タイマー撮影」機能（左）を使うと良いでしょう。

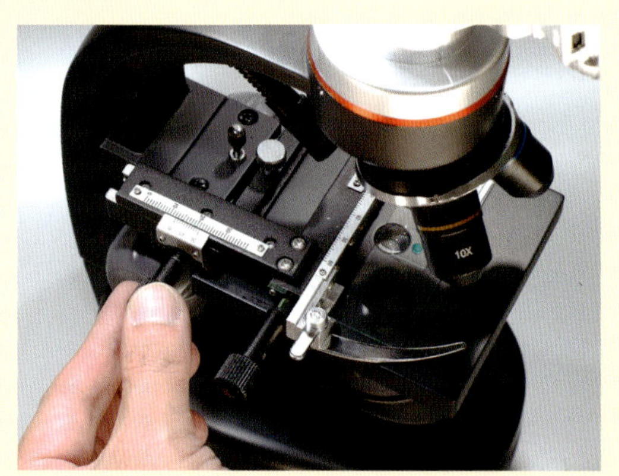

◉パノラマ合成ソフトの一例

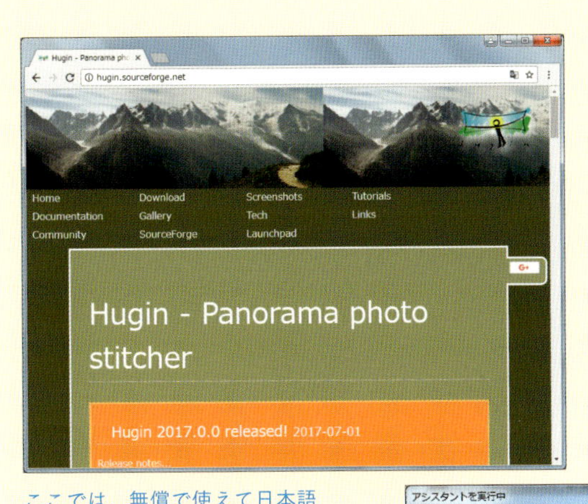

ここでは、無償で使えて日本語にも対応、Windows用のほかMac OS用などもある「Hugin（フギン）」（hugin.sourceforge.net）を紹介します。

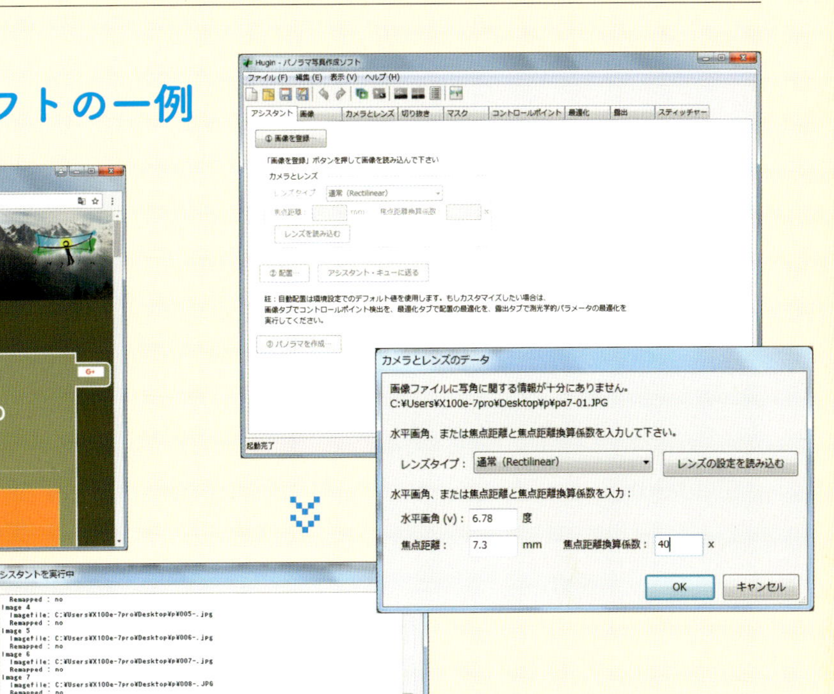

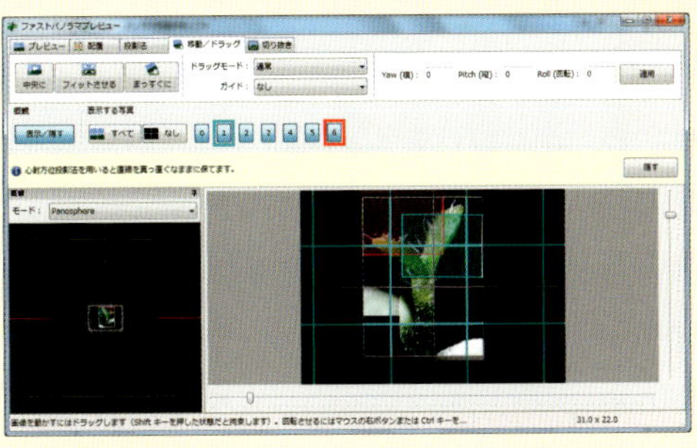

Huginを起動し、「アシスタント」機能の手順に沿って、①合成したい複数枚の写真を読み込ませたら、②の「配置」をクリック！

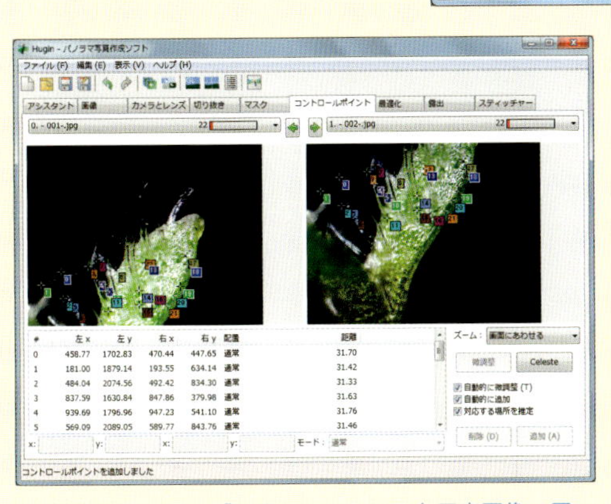

合成前にチェック。「配置」によって、各写真画像の同一ポイント（コントロールポイント）が"自動的に"認識・指定されています。

プレビュー（ファストパノラマプレビュー）機能で最終イメージを調整。各パート写真がどこに配され ているのか確認できます。

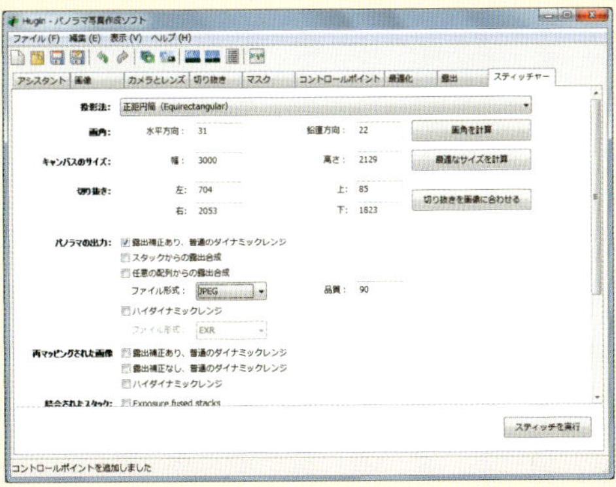

最後に出力イメージのサイズやファイル形式などを指定して合成（スティッチ）を実行。あとは数分待つだけで合成写真の完成です。

◉調整して出力

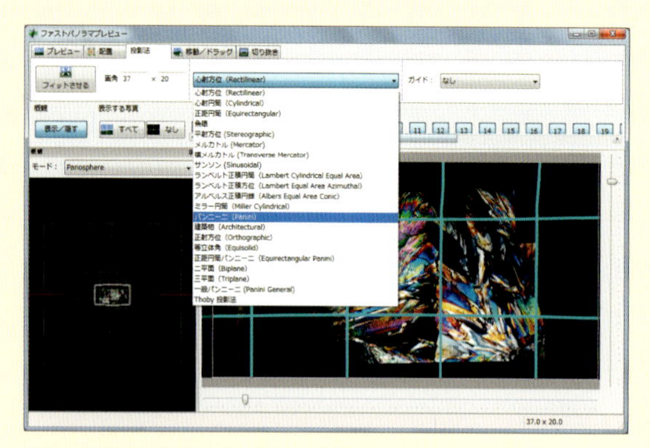

美しい顕微鏡パノラマ写真を作るために、いろいろと調整してみましょう。Huginでは平面への投影に20種以上の投影法から選べます。

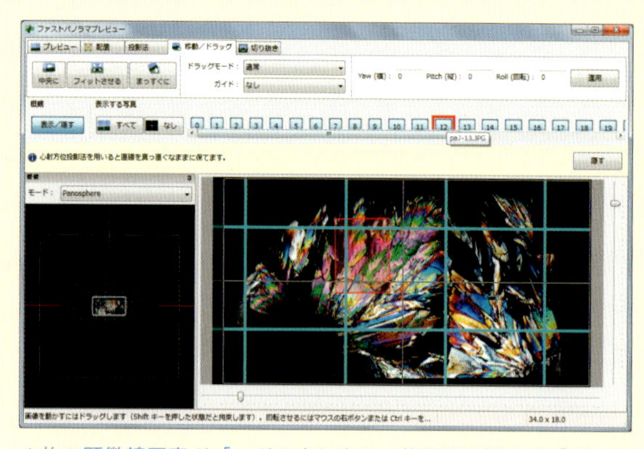

1枚の顕微鏡写真が「ハガキ大」なら、複数枚を重ねて「ポスター大」の高精細写真が作れるのもパノラマ合成のメリットです。

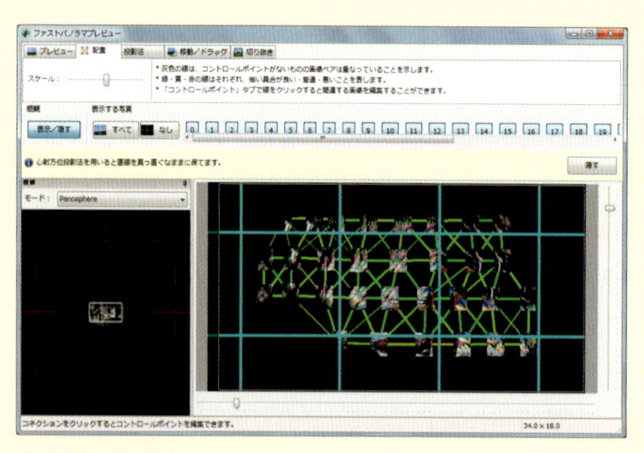

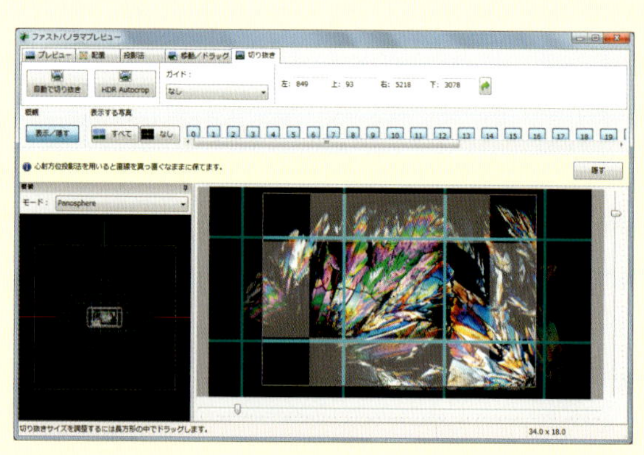

各写真の連携状態を確認（上）、画像の向きや位置、どの領域を出力するか（右）など細かく調整できます。

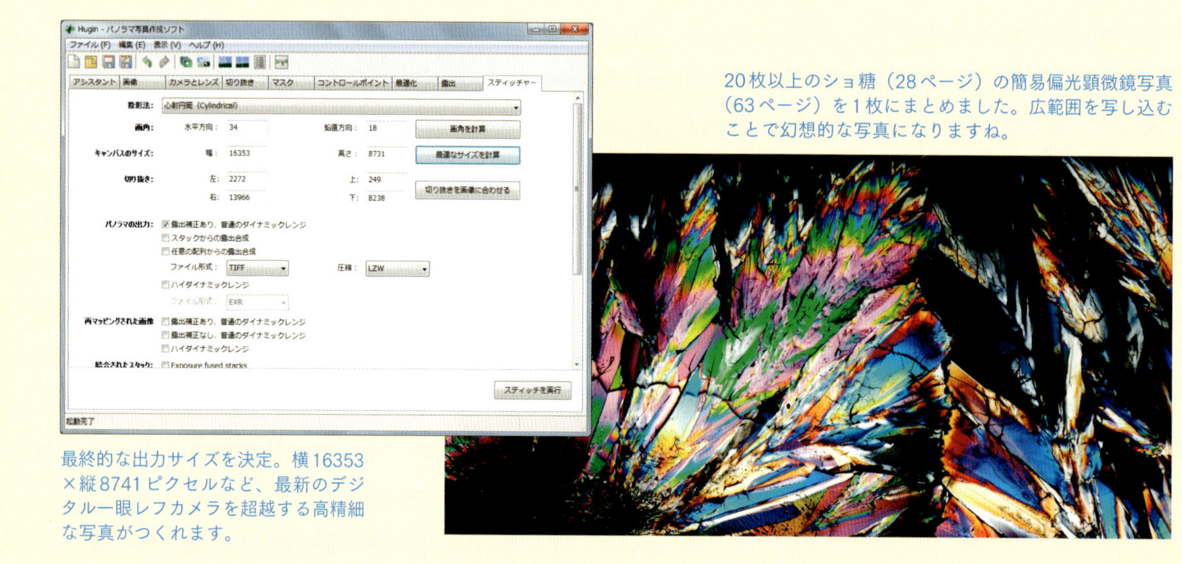

20枚以上のショ糖（28ページ）の簡易偏光顕微鏡写真（63ページ）を1枚にまとめました。広範囲を写し込むことで幻想的な写真になりますね。

最終的な出力サイズを決定。横16353×縦8741ピクセルなど、最新のデジタル一眼レフカメラを超越する高精細な写真がつくれます。

左の写真の右側1/4と、上の写真の左側1/4に同じところが写っています。

アオドウガネ（156ページ）の脚の全体像を捉えるためにパノラマ合成しました。

滑らかだったり、光っていたりして、画像から特徴的な部分を見つけにくいときは、重なる部分を広くしておきましょう。

◉1/4〜1/3重なるように撮る

Huginで合成するパノラマ合成用の写真を撮るときは、自動認識の効率を考えて、各パート写真で重なるような同一部分を写し込む必要があります。その比率は1枚の写真（画面）で1/4ぐらいが良いでしょう。重なる部分が広いと無駄に撮影することになりますし、パソコン処理にも負荷がかかります。逆に狭いと、自動認識がうまく働かずに（手動で指定する）余計な手間がかかることもあります。

おそろしいけど惹かれる

まるで怪獣！

昆虫や生き物の姿

SF・巨大アリの恐怖

クロヤマアリ

◉撮影機材：Celestron 44341
◉照明方法：落射照明
◉画像処理：深度合成 8枚、パノラマ合成 3枚

深度合成を使おう！

野原や公園などによくいる大き目の「アリ科ヤマアリ属クロヤマアリ」を観察しました。ちなみに、撮影したのは巣穴の近くに捨てられていた働きアリ（メス）の死骸です。

上の大写真は、大アゴの部分（左）、触覚の付け根（中）、複眼から頭部の後ろ（右）の3パートに分けて、それぞれピントの合う位置を変えながら8枚撮って「深度合成（90ページ）」し、最終的に3カットの写真をパノラマ合成したもの。アリの顔を細部まで細かく写すのに、計24枚の写真を撮っていることになります。それでも一部がボケてしまいました。

巣穴近くで活発に動きまわるクロヤマアリ。日本のアリの中では大きい種類に入ります。

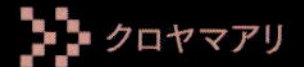

飼育キットなどで飼うのも良いでしょう。
上の写真はクロヤマアリの女王アリです。

クロヤマアリの頭部（上）
と触覚（下）。

脚の全体をパノラマ合成で一枚に（上）。
40倍で見える範囲は関節部分がせいいっぱい、意外と狭いのです（左）。

小さなアリも見てみよう

左は、クロヤマアリよりずっと小さな体長2mmぐらいのシワアリの一種です（トビイロシワアリ？）。現在、日本には270種以上のアリが生息し、外見的に似た種も多くいます。そのためシワアリほど小さなアリだと、肉眼やルーペ観察での種類特定は困難です。顕微鏡を使って触覚の節を数えたり、トゲの形を見たりして、細部の特徴を正確に見分ける必要があるのです。

頭部を透過＋落射照明で観察（左 40倍、下100倍）。見分けるのに、大アゴの形も参考になります。

脚先の形は、不思議なことにどの昆虫も似ている感じがします。

女王のいないアリ

アミメアリ

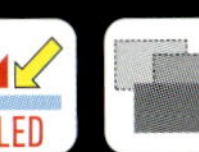

◉撮影機材：DMS 500
◉照明方法：落射照明＋LED
◉画像処理：パノラマ合成ほか

アリの世界の変わりもの

被写体は「アリ科アミメアリ属アミメアリ」。頭部などに網目状の模様（凹凸）がある体長2〜3mmの小さなアリです。生態は、定住する巣を作らないで、長い行列になって移動しながら生活するというもの。アリの中でも変わりものですが、もっと“変”なところもあります。

それは、『女王アリがいない』こと。普通のハタラキアリ（メス）であっても、栄養状態がよければ産卵し、子孫を残します。しかも、オスと交尾することなく産卵して子孫を残す単為生殖！　街中にも普通に住んでいますが、世にも珍しいアリなのです。

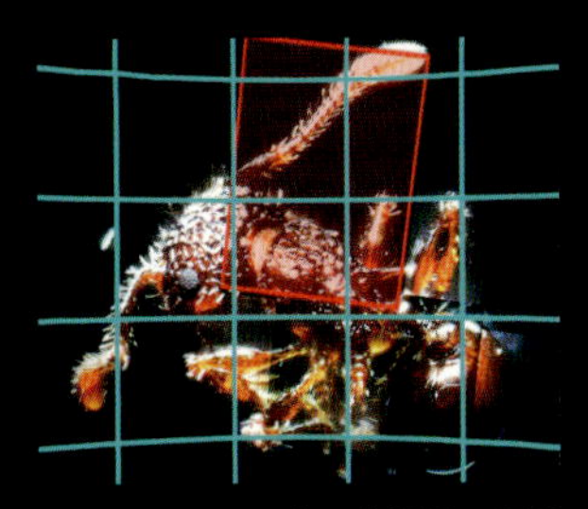

アミメアリは日本の普通種。深度合成・パノラマ合成で使った写真は全部で110枚以上です。

セミのぬけがら

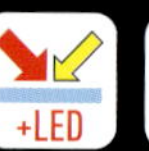

◉撮影機材：Celestron 44341
◉照明方法：落射照明＋LED
◉画像処理：深度合成 5枚

夏になると探してしまう

真夏の風物詩といえば、セミの鳴き声ですね。正確には“鳴き”声ではなく、オスのセミが腹部を震わせる振動音なのですが、時期や時間帯によってセミの種類が異なります。セミの音色が違うのを楽しみたいものですね。

さて、顕微鏡で観察するのは「セミのぬけがら」。土の中で数年間を過ごした幼虫が、成虫に変態するときに脱ぎ捨てたものですが、セミの幼虫（終齢）の姿を、細部までそのまま残しています。土の中にいるため普通なら観察できない、謎につつまれた彼らの地中生活の様子をぬけがらから想像してみましょう。

ここではアブラゼミのぬけがらを観察しました。関東では7月〜8月にかけて見つけられます。

成虫一週間は本当？

セミの中でも大型なアブラゼミの幼虫の場合、地中で3年〜6年をすごして地表に出てきます。不完全変態なのでサナギの時期はなく、葉裏などにしがみついて1〜2時間で羽化、成虫の状態で一月ぐらい生きます。よく“セミは幼虫7年、成虫一週間”などと言われますが、それは言い伝え、セミの成虫は意外と長生きなんです。

公園などの樹木の近くに、幼虫が出てきた穴があったら付近をさがしてみましょう。

ノコギリの歯のような突起があります。これで土中を掘り進むのでしょう。

一部に土が残っていました、土中を掘ってきた証拠ですね。

幼虫時代に有用だった毛も、そのまま残されています。

高感度センサーが憎い

蚊（ヒトスジシマカ）

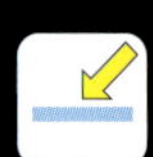

◉撮影機材：Celestron 44341
◉照明方法：落射照明
◉画像処理：深度合成 10枚

まさに生体ロボット

夏に悩まされる生き物といえば"蚊"、人の血を吸って強烈なカユミを残すだけでなく、病原体を媒介することもある厄介な存在です。憎らしい蚊も、顕微鏡で覗くと驚きがありました。

獲物を見つける大きな目（複眼）や高度に発達した触角、効率の良い翅など、吸血という目的に極限まで最適化した生物がそこに見つかったのです。進化が作り出した一切の無駄がないデザインは、最先端のロボットのようにも見えます。近くに飛んできたのを叩きつぶさず捕れたら、そのまま顕微鏡で見てみましょう。ちょっと怖い生き物の姿を観察できます。

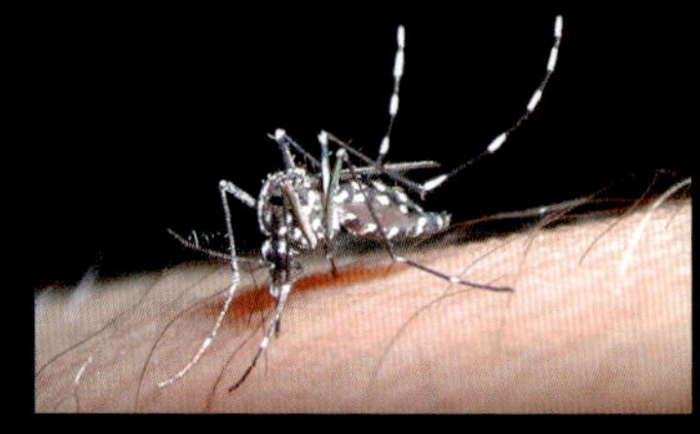

著者の腕で吸血するヒトスジシマカ。蚊の口が深く入っていますが痛みは感じませんでした。

アカイエカとヒトスジシマカ

日本で多いのは、人家の中や屋内によくいるアカイエカと、野外に多いヒトスジシマカ（いわゆるヤブ蚊）です。これらの蚊が害にしかならないか？　というとそうでもなく、蚊の口吻（吸血時の針）を顕微鏡で観察し、その形を真似て痛くない注射針なども作られるようになりました。

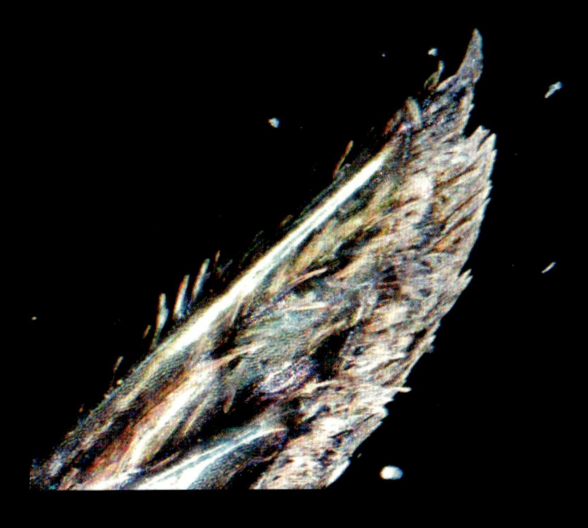

ヒトスジシマカの翅。折れ曲がっていますが、周囲に鱗粉（りんぷん）があるのがわかります。

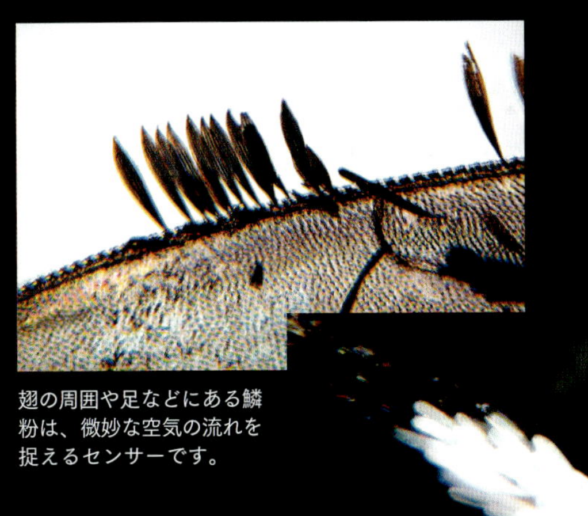

翅の周囲や足などにある鱗粉は、微妙な空気の流れを捉えるセンサーです。

強力な気体センサーの触角。空気の動き、成分を感じ取って、動物の存在を感知します。

アカイエカの頭部を左から40倍、100倍、200倍で観察。ほぼ全面をおおう複眼や、触覚の保持部など精密機械のようにも見えます。

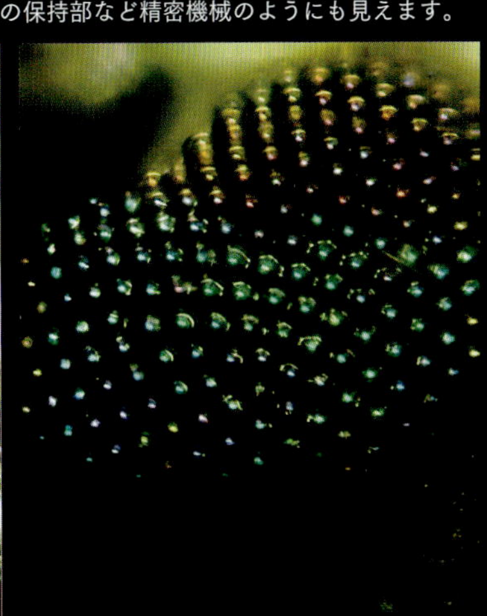

これも昆虫!?

コナジラミ

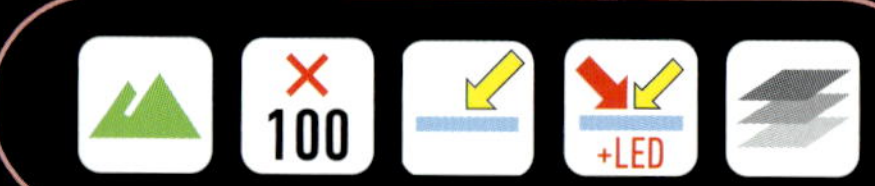

◉撮影機材：Celestron 44341
◉照明方法：落射照明＋LED
◉画像処理：深度合成 6枚

異変態する昆虫

金色の小判型をした何か？　目のような赤い点や虫の腹部のような節があります。脚や翅などは見えませんが、昆虫なのでしょうか？　答えは、カメムシ目の昆虫の仲間で「コナジラミ」という害虫の幼虫です。

卵から孵ったばかりの幼虫は、脚もあって移動できますが、葉裏などで吸汁しはじめると動かなくなります。その後、脱皮して脚のない2齢～4齢幼虫になり、最後の脱皮によって翅の生えた成虫が羽化し、繁殖するのです。サナギの時期がない不完全変態の昆虫ですが、なかでも変わっているため「異変態」とされます。

アサガオの葉裏で見つけました。1500種以上のコナジラミ類は、大多数が農業害虫です。

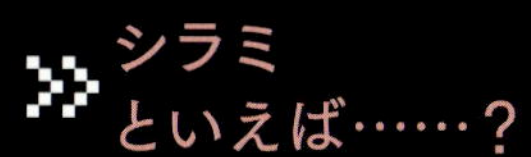

シラミといえば……？

一般的に“シラミ”といえば、人間の毛髪などに寄生するヒトジラミやケジラミが知られています。これらは大きなアゴで毛などの繊維を噛み砕いて食うカジリムシ目（咀顎目　そがくもく）の昆虫で、植物の葉から吸汁するカメムシ目のコナジラミとは系統的には近いものの、実はいろいろ違います。前者の人間に寄生するシラミは見たくないものですね。

4齢幼虫、羽化前なのでサナギと呼ぶこともあります（上）。その4齢幼虫を裏返してみました（下）、わずかに口器が見えます。

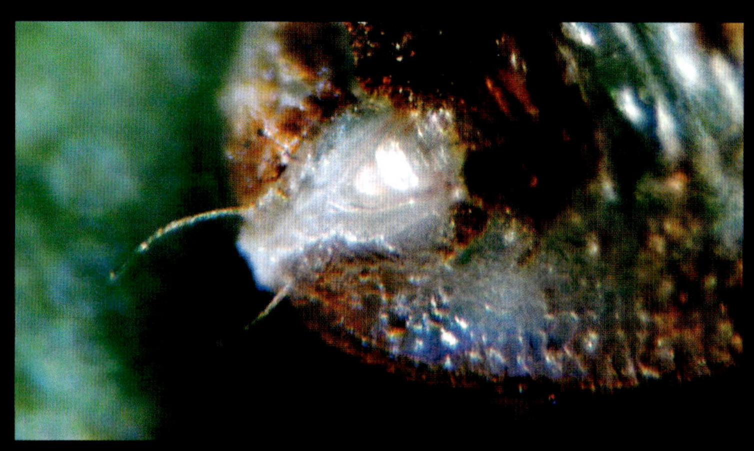

尾部？　に、かろうじて昆虫らしき組織が見えます。

羽化した後のぬけがらもありました。成虫は小さな蛾やウンカ、カゲロウのような姿をしています。

外骨格の作業ロボット

アオドウガネ

◉撮影機材：Celestron 44341
◉照明方法：落射照明＋LED
◉画像処理：深度合成、パノラマ合成

温暖化の影響か？

国内でよく見かけるコガネムシの仲間に、ドウガネブイブイがいます。"ブイブイ"は、ブンブンと音を鳴らして飛び回る様子から、ドウガネは赤褐色の銅製品が酸化して茶褐色になった状態の「銅鉦（どうがね）」からきています。

その近縁種で、全体的に緑色が強い種が「アオドウガネ」です。アオドウガネはもともと沖縄などの暖地に生息していましたが、現在は、在来種であるドウガネブイブイを駆逐する勢いで生息域を拡大しています（関東ではすでにアオドウガネが優位です）。上の写真は、アオドウガネの前脚先端を見たものです。

オシロイバナの花に来ていたアオドウガネ。幼虫は植物の根などを食害する害虫です。

鞘翅をもつ甲虫

一般的に昆虫の成虫が持つ4枚の翅のうち、前の1対（2枚）が厚く硬くなったものを鞘翅（さやばね）といいます。カブトムシ・コガネムシなど甲虫の仲間では鞘翅が発達し、飛行に使う後翅や腹部をおおって保護しています。

アオドウガネの鞘翅には宝石のような細かな構造（鱗毛）があり、興味深く観察できました。

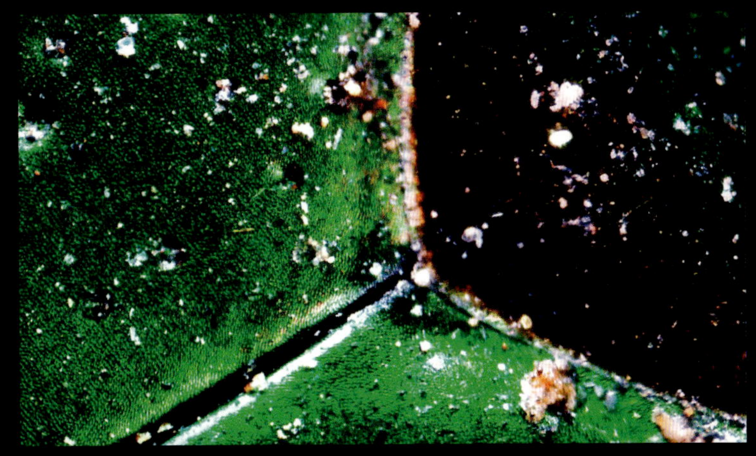

アオドウガネの鞘翅の合わせ目。落ちていた死骸を観察したのでゴミだらけです。

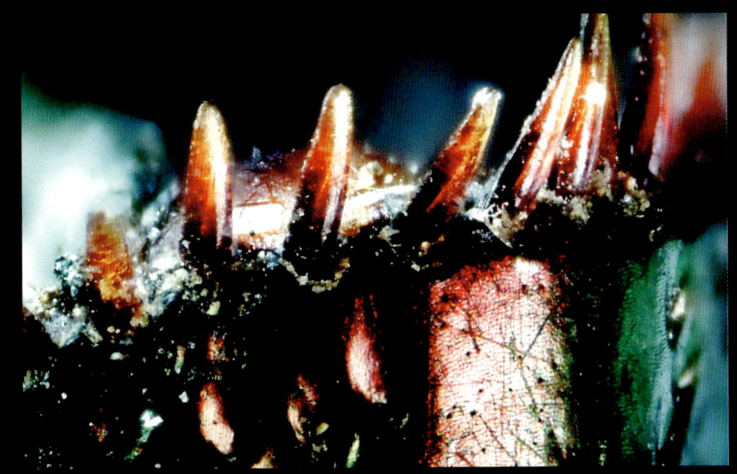

中脚や後脚は、攻撃にも防御にも使える非常にいかつい作りになっています。

表皮が硬く、全身にヨロイ（甲冑）をまとっていることから“甲”虫と呼ばれるようになりました。

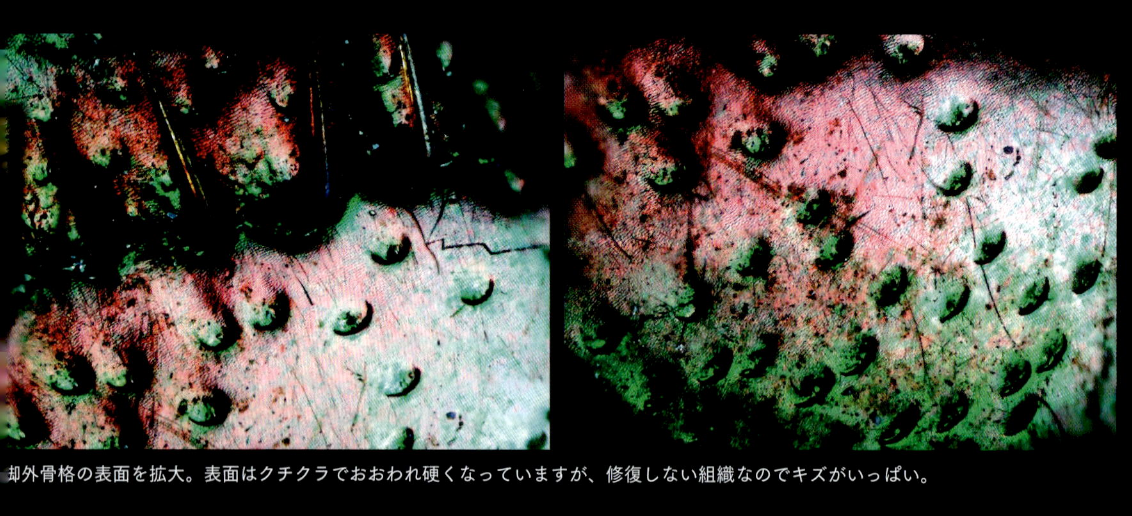

却外骨格の表面を拡大。表面はクチクラでおおわれ硬くなっていますが、修復しない組織なのでキズがいっぱい。

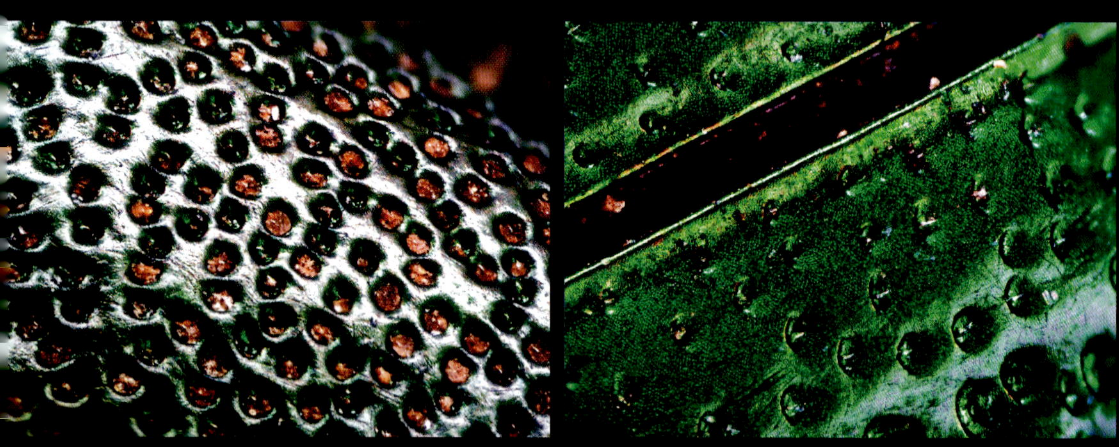

鞘翅には、蝶の鱗粉に相当する鱗毛が多数ありました。オレンジ色の宝石が埋め込まれているようにも見えます。

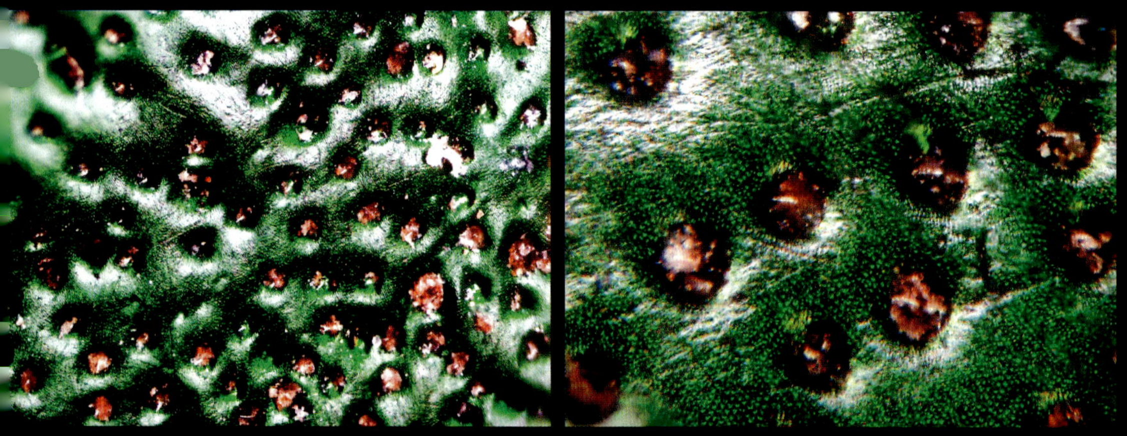

アオドウガネの、やや金属光沢のある緑褐色には、鱗毛の反射光も関係しているのでしょう（左 40倍、右 100倍）

ヨトウガ（の卵）

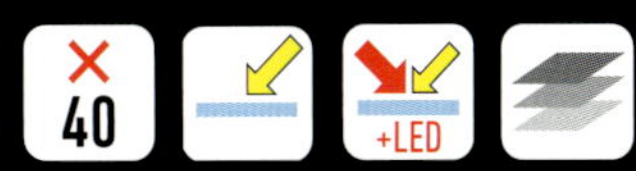

◉撮影機材：Celestron 44341
◉照明方法：落射照明＋LED
◉画像処理：深度合成 11枚

ある日 ジャガイモの葉で

趣味と実益を兼ねてジャガイモを栽培していますが、毎年、アブラムシ（160ページ）に悩まされます。そこで葉裏をチェックして繁殖していないかどうかを確認するのですが、ある日、見慣れない卵塊を見つけました。

ジャガイモの葉や茎には毒があるため、あまり害虫がつかないのに？　と思って調べると、「ヨトウガ」だとわかりました。さまざまな植物の葉を、夜の間に盗むように食ってしまうヨトウムシ（夜盗虫）は、ヨトウガの幼虫です。興味深い形＆ユニークな模様のある卵ですが、ここでの繁殖は遠慮願いたいものです。

ヨトウガの卵塊が付いた葉ごと採取して顕微鏡観察。かなりの数が産み付けられていました。

これぞ怪獣！ これが怪物！

アブラムシ

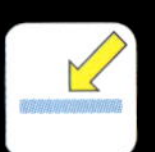

◉撮影機材：Celestron 44341
◉照明方法：落射照明＋LED
◉画像処理：深度合成

観察に最適な存在

園芸や農業で嫌われる「アブラムシ」、日本だけでも700種以上が知られています。その多くは植物の葉裏などで大繁殖する吸汁昆虫で、よく知られたセミ（150ページにぬけがら）と同じ、カメムシ目ヨコバイ亜目に属します。

害虫の代表格ですが、小さくあまり動かないこと、季節や地域を問わずどこでも見られること、別名「アリマキ（蟻牧）」と呼ばれるアリとの共生関係や興味深い生態があること……など、顕微鏡での生き物観察にはもってこいの存在とも言えます。殺虫剤などで一掃する前に、その姿をじっくり調べて撮影してみましょう。

葉裏で繁殖するアブラムシ。虫体は弱くつぶれやすいので、葉ごと採取するのがよいでしょう。

アブラムシの爆発的な増え方

アブラムシの生態で面白い（＝怖ろしい）のは、昆虫なのに「単為生殖」をすることです。春から夏にかけてのメスは、自分のクローンを生みます。しかも、生まれた子の体内にも次の子（クローン）がいるので数日で次世代を生めます。１匹のメスが5日間で10匹の子を産むなら、たった10日間で100倍に増えるのです。

種によって姿かたちはさまざま。幼虫時代にトゲで武装する種もいます。

口器を差し込んでいるため、あまり動きません。

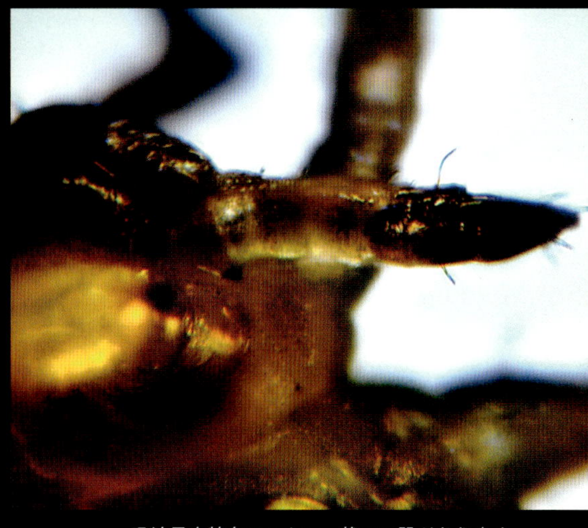

吸汁昆虫特有のストロー状の口器があります。

有翅成虫が持つ繊細な前羽（40倍）。

翅の膜は非常に薄く、落射照明の反射光が干渉して色付いて見えます。

有翅成虫（死骸）。爆発的に増えてもアブラムシだらけにならないのは、死のリスクも大きいからです。

植物の星状毛にからまり、動けなくなったところを他の生き物に食われた死骸。

脱皮も、成功すればよいのですが……。

脱皮の途中で死んでしまった個体もよく見かけました（右はパノラマ合成による全体像）。

ファッショナブルな虫

ナシグンバイ

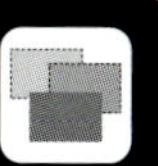

◉撮影機材：Celestron 44341
◉照明方法：落射照明
◉画像処理：深度合成、パノラマ合成

漢字で書くと「梨軍配」

落ち葉を観察しているときに、網目状になった半透明の奇妙な虫の死骸を見つけました。どうやら「ナシグンバイ」というカメムシ目の昆虫のようです。計75枚の写真から、深度合成&パノラマ合成で全体像を捉えました。

グンバイとは、戦国武将が戦の指揮に使っていた軍配団扇（ぐんばいうちわ）のこと、現代も相撲の行司が手にしています。その形に似ていて、梨につく害虫なのでナシグンバイの名が付きました。実際には、梨だけでなくリンゴやウメ、サクラなどバラ科の樹木に寄生し、葉を枯らせたり汚したりすることが知られています。

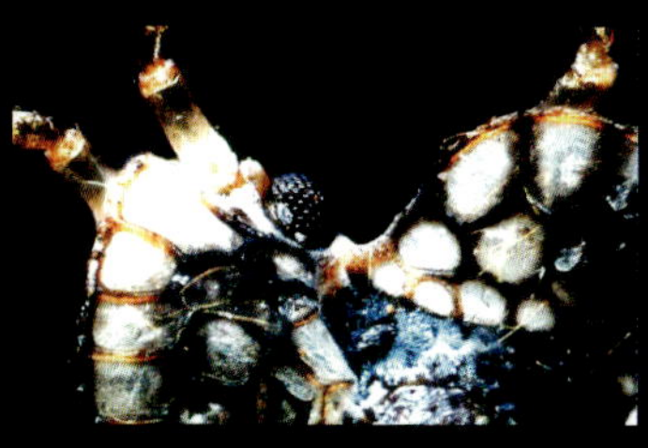

頭や背をおおうのは翼状突起。部分的に半透明にして全体の形をごまかしています（擬態の一種）。

8つの目

クサグモの仲間

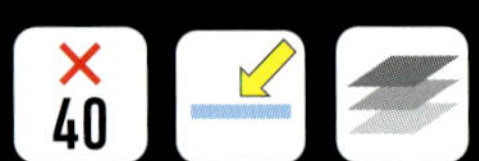

◉撮影機材：Celestron 44341
◉照明方法：落射照明
◉画像処理：深度合成 6枚

昆虫とクモの違い

「虫」としてひとくくりに呼ばれることがありますが、昆虫とクモはかなり違っています。

・体構造
：昆虫は、頭・胸・腹の3構成。
：クモは、頭胸部と腹部の2構成。
さらに……、

・脚の数
：昆虫は、胸部から生える3対6本。
：クモは、頭胸部から4対8本の脚。

・目の数
：昆虫は、複眼2個と単眼3個。
：クモは、頭胸部の前に単眼8個。

クモの中には強い毒を持つものもいますが、大多数は人間には害を及ぼしません。それどころか農業害虫の天敵であり、益虫なのです。

死後１日が経過した大写真のクモ。目の配置から、葉上生活者のクサグモの仲間と思われます。

小さな命も大切にしたい

基本的に野外生活者のクモですが、まれに人家に入り込むため、不快害虫とされることがあります。下の写真のハエトリグモなどは、容器にそっと誘導し、そのまま外に開放するのですが、あまりに小さいと潰してしまうことがあります。左ページの大写真は、そうして殺してしまったクサグモ類の幼体でした。反省です。

体長1mmほどの小さな幼クモ。親とは体色や模様が違うため、種名は特定できませんでした。

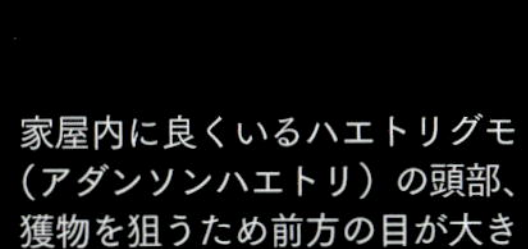

家屋内に良くいるハエトリグモ（アダンソンハエトリ）の頭部、獲物を狙うため前方の目が大きく特徴的です。

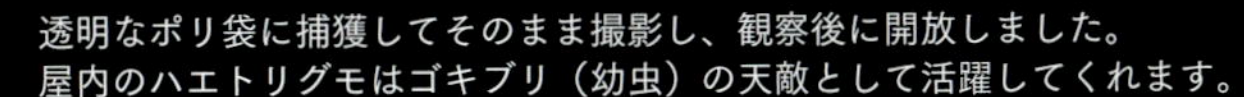

透明なポリ袋に捕獲してそのまま撮影し、観察後に開放しました。
屋内のハエトリグモはゴキブリ（幼虫）の天敵として活躍してくれます。

おかずから採取

ブリのウロコ

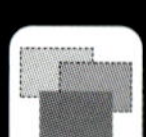

◉撮影機材：Celestron 44341
◉照明方法：透過照明
◉画像処理：パノラマ合成45枚

キッチンで標本探し

顕微鏡で生き物（動物や虫）などを観察したくなったとき、なにも野外で観察対象を探す必要はありません。海にいる魚だって身近なところで見つかるのです。

スーパーで買ってきた調理前の「ブリ」の切り身（皮付き）から、ウロコを採取しました。通常、ウロコを取り除いてから切り身にされますが、注意して探せば1〜2枚は残っているものです。上の大写真は、透過照明の40倍で各部分を撮影した計75枚の写真を、パソコンのパノラマ合成ソフトを使って1枚にまとめたものです。全体像の倍率は10倍前後のルーペ観察のようなものでしょう。

ブリのウロコ。偏光フィルムを使った簡易偏光観察で、年輪状の縞模様が見えました。

見分けられるか？天然もの

サケのウロコ

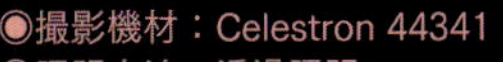

◉撮影機材：Celestron 44341
◉照明方法：透過照明
◉画像処理：パノラマ合成70枚

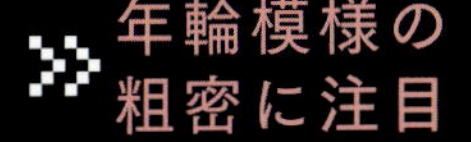

年輪模様の粗密に注目

ウロコの年輪模様を見ると、細かな縞が粗密になって濃淡を作っていますが、これは水温の高低や魚の栄養状態などによる成長速度の違い（粗：成長早い、密：成長遅い）をあらわしています。

こちらのウロコは、左ページと同じように、食卓に上がる予定の「サケ（鮭）」の切り身から採取したもの。秋に川の上〜中流で生まれたサケの稚魚は翌年の春〜初夏に海にくだり、北洋で回遊しながら成長、1〜5年で生まれた河川に帰って繁殖します（安価なものは、ほとんどが養殖）。そのときどきの海水温の違いが記録されているのです。

サケのウロコ。中心部（初期）の成長が早いのは、人工受精により養殖・稚魚放流されたから？

空からの手紙

羽毛（シジュウカラ）

◉撮影機材：Celestron 44341
◉照明方法：落射照明
◉画像処理：深度合成 9枚

冬のお楽しみ

野生動物への餌付けは、野生で生きる力を損なう（人間に依存する）という観点から、奨励できない行為です。しかし、餌が乏しくなる冬季、“庭先に来た野鳥のために柿の実を収穫しないで残しておく”のは許されるでしょう。そうして毎冬、シジュウカラなどの小鳥が遊びに来るのを楽しみにしています。

ある日、飛び立った直後に羽根がひらひらと漂っているのに気がつきました。本来は、夏から秋にかけてが換羽期ですが、たまたま抜け落ちたのでしょう。さっそくスライドガラスの上に乗せ観察してみました。

冬のシジュウカラ。近年、都市の公園などでも良く見かけます。

フェザーと ダウン

鳥の羽毛には、表層にあって雨などを弾く「羽根（フェザー）」と、体表面近くにあって空気をはらみ保温性のある「羽毛（ダウン）」があります。春には、スズメが飛び立った跡でフワフワとした白い毛を拾いました。冬が終わって不要になった羽毛が抜けたのでしょう。おかげで、羽根と羽毛の違いをじっくり観察できました。

シジュウカラの羽根を観察。細かい繊維が絡みあって緻密なつくりになっています。

春のスズメ。腹部の羽毛を立て、断熱効果のある空気の層を作って保温しています。

スズメの羽毛（左 40倍、上100倍）。非常に軽く繊細で、わずかな呼吸の風でも動きます。息を止めて観察・撮影しました。

Column 水中の生き物を観察

クマムシを見つけよう！

顕微鏡を手に入れたら一度は観察しておきたいのが、地球上の最強生物と称される『クマムシ』でしょう。顕微鏡で観察するほどの小さな生き物でありながら、乾眠と呼ばれる特殊な状態になると、空気や水、食料が無くても長時間生きていられます。また、150℃以上の高温、－200℃近い低温、深海並みの圧力、それに強力な放射線にも耐えるという、とんでもない生命力ですが、実はどこにでも生息しています。実際に著者宅の玄関近くに生えていたコケの中にいました。

ただし肉眼では、小さすぎて探すのは難しいでしょう。観察するにはコケや土中にいるクマムシを集める必要があります。ここでは、土中や水中の小さな生き物を効率よく集める「簡易なベールマン装置」の作りかたと、水中の小さな生き物を見つけて観察する方法を紹介しましょう。

◉ベールマン装置をつくる

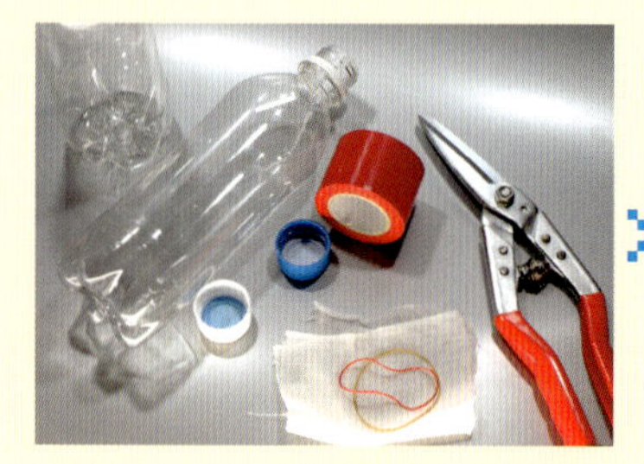

ペットボトルとガーゼ、輪ゴムなどで、小さな生き物を集める「ベールマン装置」をつくります。

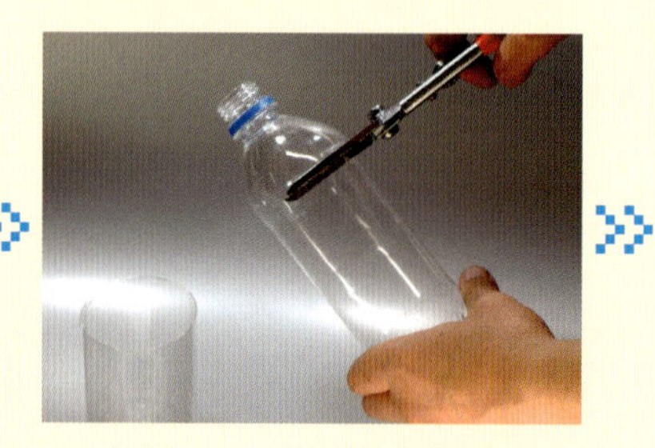

ペットボトルの口を切りとります。

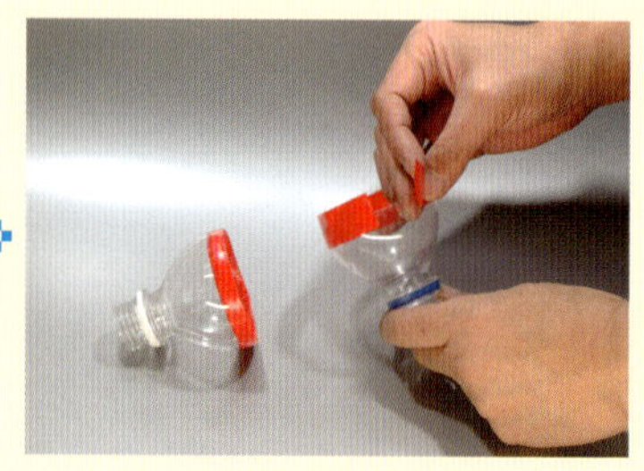

切り口は危険なのでビニールテープで保護。

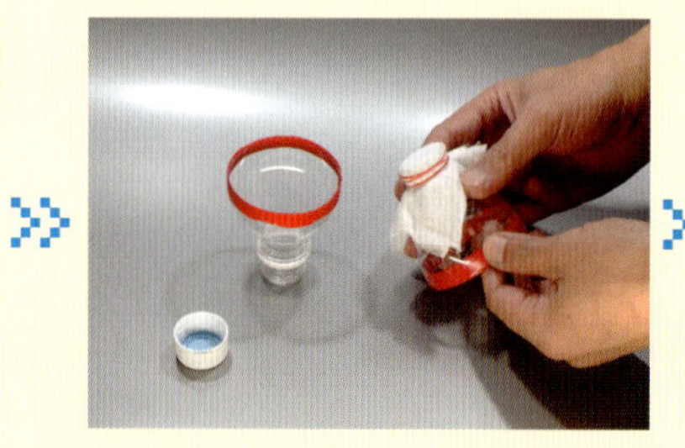

口の部分を3～4枚のガーゼで覆います。

ペットボトルで受け口台を作れば完成です。

ガーゼの上に生き物を抽出したいコケの塊などを置き、上から少量の水を垂らし、1時間ぐらい上から光で照らします。

やがて、光を嫌う生き物が下の受け台のペットボトルのキャップに溜まります。乾いた土壌を使うときは「ツルグレン装置」、その改良版で水を使うと「ベールマン装置」と呼ばれます。

◉水中生物の採取と観察

雨水が溜まっているところには、プランクトンがいます。緑色の藻のように見える部分をすくって顕微鏡で見てみましょう。

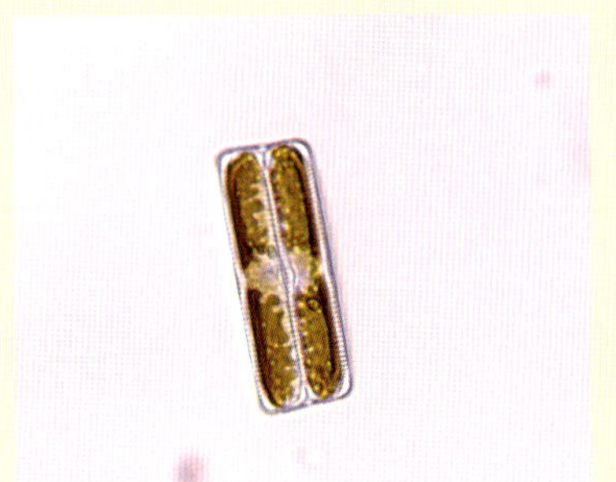

EV5680Bを使い、400倍で撮影したケイソウ類。分裂して増える途中の状態です。

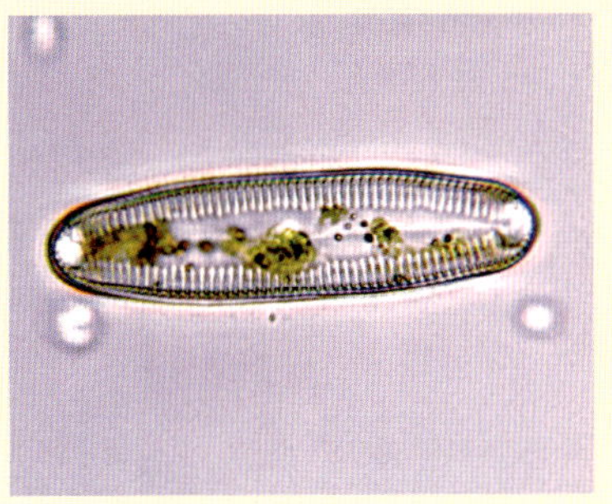

EV5680Bを使い、100倍で撮影したケイソウ類。100倍でこんなに大きく写る超巨大なケイソウもいます。

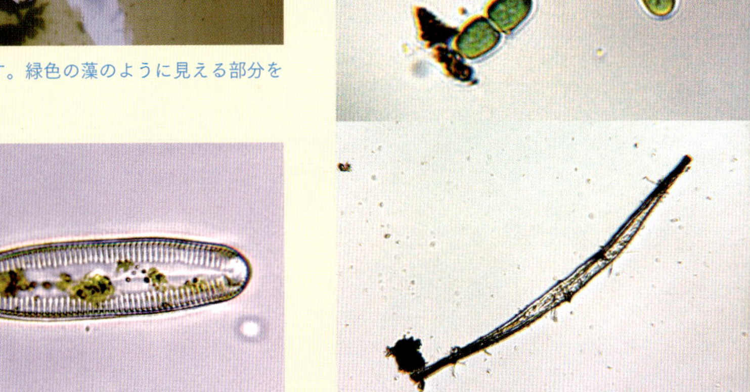

水溜りのプランクトンたち（Celestron 44341 400倍で観察）。上からケイソウ、藻類、ミカズキモの仲間。

◉クマムシを動画で記録

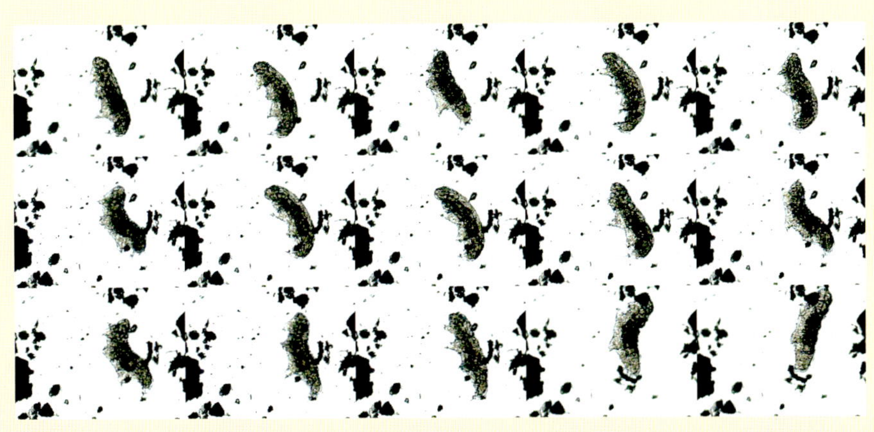

左ページのベールマン装置によって見つけたクマムシ、画面中央でもそもそ動いているのを動画記録しました。動いているのを見るとかわいく感じます。

Column 身近な海を探る!

屋内でプランクトン探し

地球上の水、その97％が海にある海水で、陸地上にある雪や氷河、河川、湖などの水はわずか３％です。水は生命と切り離せない存在、生き物の総量も海のほうが圧倒的に多くなります。水中の微生物などを観察したいなら、海のプランクトンのほうが面白そうですね。しかし、海での生物採取には危険がつきもの、気軽な採取はおすすめできません。

そこで注目したいのが「めざし」です。めざしは、マイワシやカタクチイワシを獲ってすぐに加工したもの。これらの魚の腸には、イワシが生きているときに餌にしていた海のプランクトン（の破片）が残っているのです！

◉めざしの腸を水に溶かす

今回は生でそのまま食べられる十分に乾燥させた小型の「めざし」を使いました。大きめの「にぼし」でもかまいません。

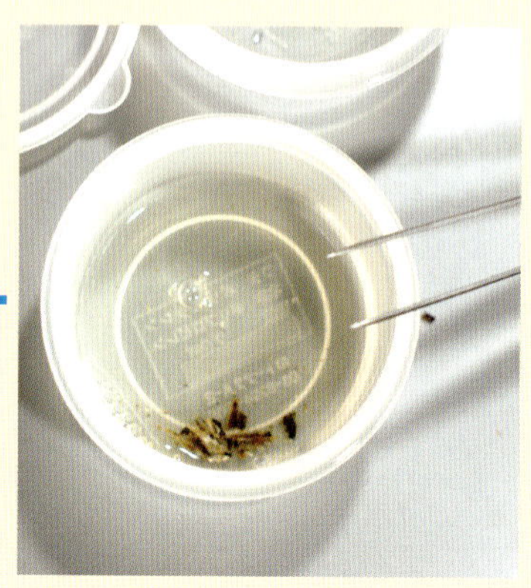

ピンセットや針などで丁寧に“ワタ”を取り出し、少量の水で溶きます。残った「めざし」の本体は、そのまま食べてしまいました。

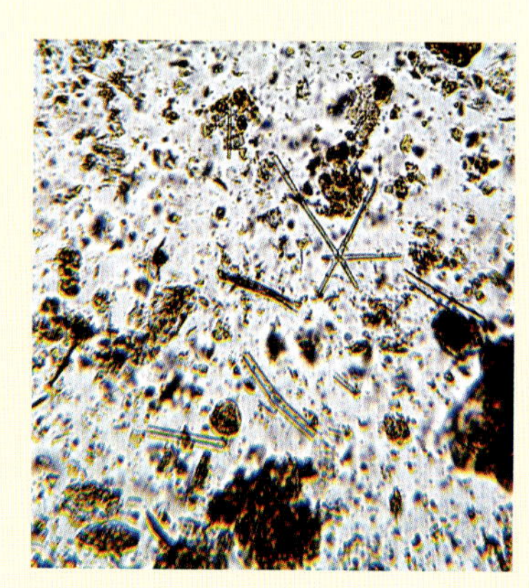

顕微鏡（低倍率の40倍）で見ると、消化し切れなかった海洋プランクトン（放散虫や甲殻類）の骨格破片が見えてきました。

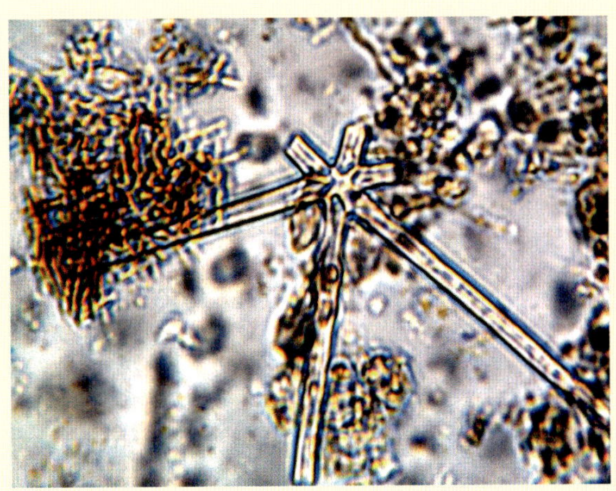

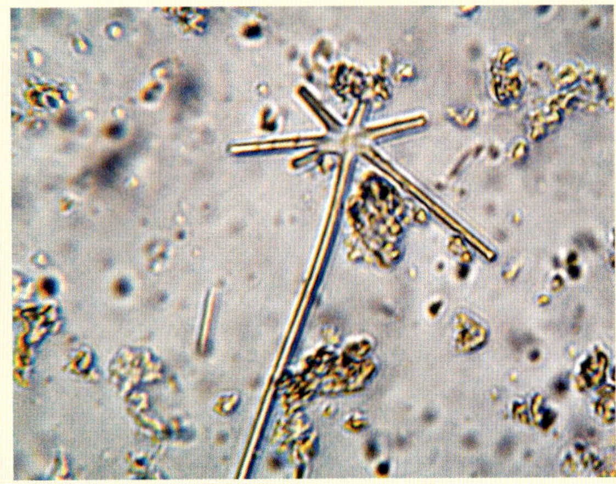

100倍で観察。細長い棒が放射状につながっています。放散虫の仲間の骨格と思われますが、詳しいことは分かりません。

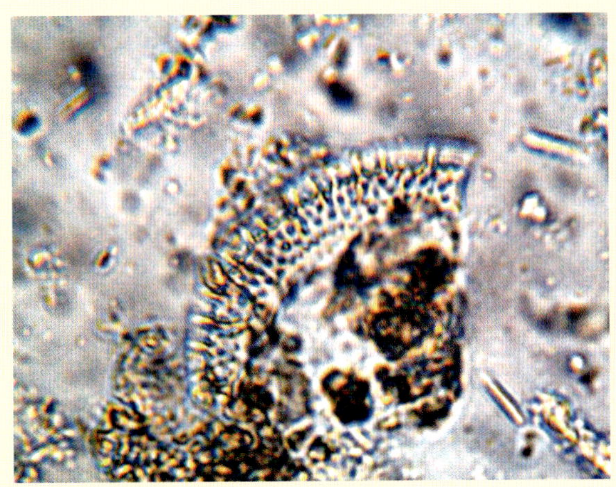

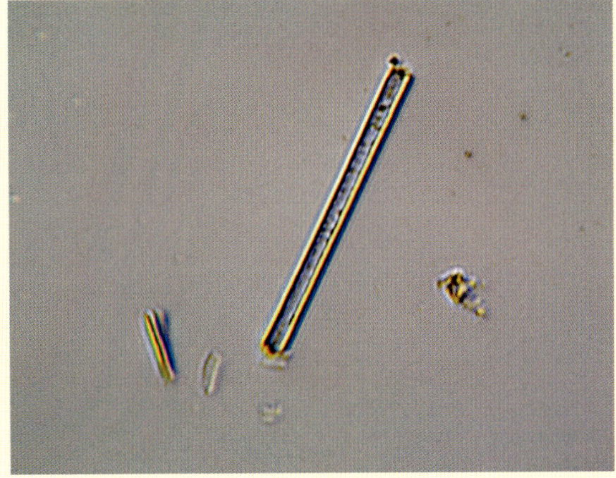

こちらも100倍で観察、左は放散虫もしくは有孔虫の骨格。右も何らかの生物の骨格組織でしょう。ケイソウかもしれません。

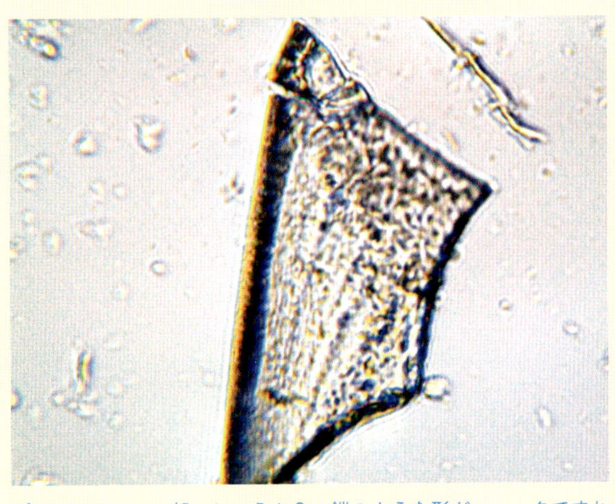

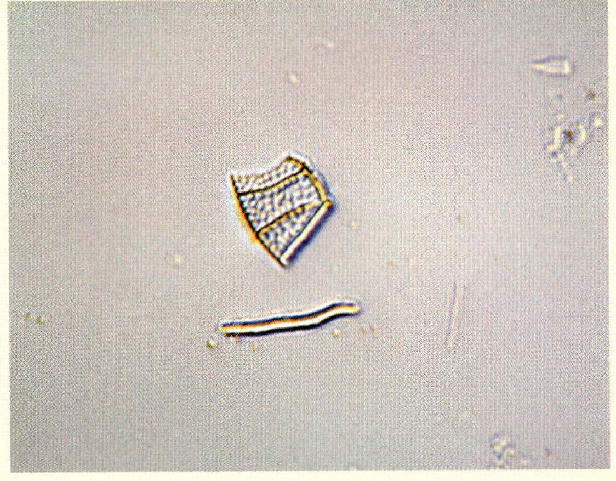

プランクトンの一部でしょうか？　鎧のような形がユニークですね。顕微鏡があると、一匹のめざしから多くのことが学べます。

索引

ア・あ

カ・か

サ・さ

タ・た

ナ・な

ハ・は

マ・ま

ヤ・や

ラ・ら

ワ・わ

本書で使用したデジタル顕微鏡

Celestron 44341
セレストロンLCDデジタル顕微鏡Ⅱ
米セレストロン社
https://www.celestron.com/
日本国内総代理店 サイトロンジャパン
http://www.sightron.co.jp/

DMS500
YASHICAデジタル顕微鏡 DMS500
株式会社ジェネシスホールディングス
https://www.jenesis.jp/
※現在販売されていません

池田圭一（いけだ けいいち）

1963年生まれ。IT系雑誌・Web媒体でパソコン・ネットワーク・デジカメ関連記事の企画・執筆を手がけるフリーランスの編集・ライター。天文や生物など自然科学分野の記事も多数寄稿。著書に『失敗の科学〜世間を騒がせたあの事故の失敗に学ぶ』『天文学の図鑑』（技術評論社）、『図説 空と雲の不思議 −きれいな空・すごい雲を科学する−』（秀和システム）。おもな共著に『水滴と氷晶がつくりだす 空の虹色ハンドブック』（文一総合出版）、『光る生き物〜ここまで進んだバイオイメージング技術〜(知りたい！サイエンス)』（技術評論社）、『これだけは知っておきたい 生きるための科学常識』（東京書籍）、『知っていると安心できる成分表示の知識 その食品、その洗剤、本当に安全なの？(サイエンス・アイ新書)』（SBクリエイティブ）など。

ブックデザイン：小川 純（オガワデザイン）
本文デザイン・DTP：BUCH+

本書へのご意見、ご感想は、技術評論社ホームページ（http://gihyo.jp/）または以下の宛先へ、書面にてお受けしております。電話でのお問い合わせにはお答えいたしかねますので、あらかじめご了承ください。

〒162-0846　東京都新宿区市谷左内町21-13
株式会社技術評論社　書籍編集部
『デジタル顕微鏡で楽しむ！ ミクロワールド美術館』係
FAX：03-3267-2271

デジタル顕微鏡で楽しむ！ ミクロワールド美術館

2018年4月24日　初版　第1刷発行

著　者　池田 圭一
発行者　片岡 巌
発行所　株式会社技術評論社
東京都新宿区市谷左内町21-13
電話　03-3513-6150　販売促進部
03-3267-2270　書籍編集部
印刷／製本　株式会社 加藤文明社

定価はカバーに表示してあります。

造本には細心の注意を払っておりますが、万一、乱丁（ページの乱れ）や落丁（ページの抜け）がございましたら、小社販売促進部までお送りください。送料小社負担にてお取り替えいたします。

ISBN978-4-7741-9622-0 C3055
Printed in Japan